第十届（2011年度）
中国土木工程詹天佑奖
获奖工程集锦

10th

COLLECTION OF AWARDED PROJECTS OF THE 10th TIEN-YOW JEME CIVIL ENGINEERING PRIZE (2011)

中国土木工程学会
詹天佑土木工程科技发展基金会

谭庆琏 主编

中国建筑工业出版社

《第十届(2011年度)中国土木工程詹天佑奖获奖工程集锦》编委会
Editorial Board of "Collection of Awarded Projects of the 10th Tien-Yow Jeme Civil Engineering Prize (2011)"

主　　编：谭庆琏
执行主编：张　雁
副 主 编：蔡庆华　胡希捷　许溶烈　徐培福　王铁宏　王麟书　凤懋润　刘正光
编　　辑：程　莹　薛晶晶　董海军

Chief editor : Qing-Lian Tan

Executive chief editor : Yan Zhang

Associate chief editors : Qing-Hua Cai, Xi-Jie Hu, Rong-Lie Xu, Pei-Fu Xu, Tie-Hong Wang, Lin-Shu Wang, Mao-Run Feng, Zheng-Guang Liu

Executive editors : Ying Cheng, Jing-Jing Xue, Hai-Jun Dong

领导题词
INSCRIPTIONS OF THE LEADERS

佳绩闲束,兴时俱进,再创土木工程辉煌.

蔡庆华
二〇〇三年九月

依靠科技创新努力提高土木工程建设水平

谭庆琏
二〇〇三年六月卅日

中国土木工程学会副理事长、铁道部副部长蔡庆华题词　INSCRIPTION OF MR. QING-HUA CAI

中国土木工程学会理事长、建设部原副部长谭庆琏题词　INSCRIPTION OF MR. QING-LIAN TAN

质量是工程的生命
创新是质量的灵魂

李居昌 二〇〇三年七月

中国土木工程学会顾问、交通部原副部长李居昌题词　INSCRIPTION OF MR. JU-CHANG LI

以科技创新为己任
以质量有效为核心
树土工程新年坪

二〇〇四年四月
胡希捷

中国土木工程学会副理事长、交通部副部长胡希捷题词　INSCRIPTION OF MR. XI-JIE HU

倡导科技创新
发展建设事业

许溶烈
二〇〇二年六月廿七日

贺詹天佑土木工程大奖

管理领先争优
科技创新夺奖

姚兵
壬午之夏

前言

詹天佑土木工程科学技术奖
第十届(2011年度)中国土木工程詹天佑奖获奖工程集锦

  土木工程是一门与人类历史共生并存、集人类智慧于大成的综合性应用学科，它源自人类生存的基本需要，转而渗透到了国计民生的方方面面，在国民经济和社会发展中占有重要的地位。如今，一个国家的土木工程技术水平，也已经成为衡量其综合国力的一个重要内容。

  "科技创新，与时俱进"，是振兴中华的必由之路，是保证我们国家永远立于世界民族之林的关键。同其他科学技术一样，土木工程技术也是一门需要随着时代进步而不断创新的学科，在我们中华民族为之骄傲的悠久历史上，土木建筑曾有过举世瞩目的辉煌！在改革开放的今天，现代化进程为中华大地带来了日新月异的变化，国民经济发展迅猛，基础建设规模空前，我国先后建成了一大批具有国际水平的重大工程项目。这无疑为我国土木工程技术的发展与应用提供了无比广阔的空间，同时，也为工程建设者们施展才能提供了绝妙的机会。可是我们不能忘记，机遇与挑战并存，要想准确地把握机遇，我们必须拥有推陈出新的理念和自主创新的成就，只有这样，我们才能在强手如林的国际化竞争中立于不败之地，不辜负时代和国家寄予我们的厚望。

  为了贯彻国家关于建立科技创新体制和建设创新型国家的战略部署，积极倡导土木工程领域科技应用和科技创新的意识，中国土木工程学会与詹天佑土木工程科学技术发展基金会专门设立了"中国土木工程詹天佑奖",以资奖励和表彰在科技创新特别是自主创新方面成绩卓著的优秀项目,树立科技领先的样板工程,并力图达到以点带面的目的。自1999年开始,迄今已评奖十届,共计276项工程获此殊荣。

詹天佑奖是经住房和城乡建设部审定(建办[2001] 38号和[2005] 79号文)并得到铁道部、交通运输部、水利部等鼎力支持的全国建设系统的主要奖励项目;同时也是由科技部核准的全国科技奖励项目之一(国科奖社证字第14号)。

为了扩大宣传,促进交流,我们编撰出版了这部《第十届中国土木工程詹天佑奖获奖工程集锦》大型图集,对第十届(2011年度)的25项获奖工程作了简要介绍,并配发了具有代表性的图片,以助读者更为直观地领略获奖工程的精华之所在。另外,我们也想借助这部图集的发行,赢得广大工程界的朋友对"詹天佑奖"更进一步的了解、支持和参与,希望通过我们的共同努力,使这一奖项更具"创新性"、"先进性"和"权威性"。

由于编印时间仓促,疏漏之处在所难免,敬请批评指正。

本图集主要是根据第十届詹天佑奖(2011年度)申报资料中的照片和说明以及部分获奖单位提供的获奖工程照片选编而成。谨此,向为本图集提供资料及图片的获奖单位表示诚挚的谢意。

PREFACE

SCIENCE & TECHNOLOGY PRIZE IN CIVIL ENGINEERING COLLECTION OF AWARDED PROJECTS OF THE 10th TIEN-YOW JEME CIVIL ENGINEERING PRIZE (2011)

Civil engineering, originated with the history of human being, is a comprehensive applied science concentrated with all human wisdom. It was developed owing to the basic requirements of human existence, and its activities were extended to all aspects of national economy and people's livelihood, playing an important role in the national economy and the social development. At present, the level of civil engineering technology in a country has become a measure of the national power.

"Innovation of science and technology with time" is a necessary way for the development of China, and is a key to ensure that our country will stand in the rank of powers in the world forever. Similar to other disciplines, civil engineering should be advanced and innovated with time too. In the long history of the Chinese nation, which we are proud of, civil engineering was splendid all over the world. In the present epoch of open and reform, the process of modernization has brought a great change in every aspect in China: the national economy develops rapidly and the basic construction is great in scale unprecedently. A lot of important projects of international level have been built now and then. Undoubtedly, it provides an incomparable space for the development and practice of civil engineering in China, and at the same time, it also provides an excellent chance for our civil engineers to display their talents. However, we should not forget that opportunity and challenge co-existed. If we want to grasp the opportunity accurately, we should have a concept of weeding through the old and achievement of bringing forth the new, as well as practice in accordance with the concrete conditions in China. Thus, we can stand firmly in the international competition and achieve actively, not fail to live up to the expectations of our country and epoch.

In order to carry out the national strategy for establishment of a system for innovation of science and technology and encourage actively a new concept of innovation and practice in the field of civil engineering, a grand prize "Tien-Yow Jeme Award for Science and Technology in Civil Engineering" was established specially by China Civil Engineering society and Tien -Yow Jeme Foundation for Development of Science and Technology in Civil Engineering to award and encourage the outstanding projects and advanced demonstration works and try to use the experience of the awarded projects or works to promote the profession in the entire area of civil engineering. From 1999 up to now, a total of 276 projects have been awarded in ten meetings. This award was approved by Ministry of Construction and supported vigourously by Ministry of Railways, Ministry of Communications and Ministry of Water Resources. It is not only a main encouraging project within the system of National Construction but also one of the first awards approved honourably by the National Science and Technology Awards Office.

In order to publicize the Prize and promote mutual understanding, a large-size album, namely, "Collection of Awarded Projects of the 10th Tien-Yow Jeme Civil Engineering Prize" (2011), was edited and published. Brief introductions are given in the collection to 25 awarded projects, supplemented with representative photos to help the readers realize the essence of the projects more directly. On the other hand, we try to bring the attention of more civil engineers to further realize the grand prix, and support and participate the award activity. We hope sincerely that, through our mutual effort, this award will be more innovative and authoritative.

Comments on the collection are warmly welcome and sincere thanks are given to the organizations of the awarded projects which provide information and photos to the album.

目录 CONTENTS

获奖工程及获奖单位名单 The List of Awarded Projects and Organizations	012
中国土木工程詹天佑奖简介 Introduction of Tien-Yow Jeme Civil Engineering Prize	014
中国国际贸易中心三期工程（A阶段） China World Trade Center Phase III A	018
中国科学技术馆新馆 New Museum of China Science and Technology Museum	022
广州亚运城 Guangzhou Asian Games Town	026
亚运之舟——珠江新城海心沙地下空间及公园工程 Asian Games' boat——Underground space and park of Haixinsha in ZhuJiang new city	030
广州天河体育中心综合改造及扩建工程 Guangzhou Tianhe Sports Center comprehensive renovation and expansion project	036
南沙体育馆 Nansha Gymnasium	040
重庆大剧院 Chongqing Grand Theater	046
武汉至广州高速铁路武汉站 Wuhan Railway Station of Wuhan to Guangzhou High-Speed Railway	052
万科中心 Vanke Center	058
广州萝岗会议中心（凯云楼） Guangzhou Luogang Conference Center (Kaiyunlou)	062
青藏铁路那曲物流中心 The Qinghai-Tibet Railway Naqu Logistics Center	066
东方电气（广州）重型机器联合厂房 Dongfang Electric Corporation (GZ) Heavy Machinery Unity Factories	070
河南广播电视发射塔 Henan Broadcast and TV tower	076

杭州湾跨海大桥 Hangzhou Bay Bridge	080
佛山东平大桥 Dongping Bridge in Foshan City	086
襄渝铁路新大巴山隧道 New Dabashan Tunnel of Xiang-Yu Railway	090
国道317线鹧鸪山隧道 Zhegu Mountain tunnel of national highway line 317	094
武汉至广州高速铁路浏阳河隧道 Liuyang River Tunnel of high-speed railway from Wuhan to Guangzhou	098
香港青沙公路（含昂船洲大桥） Tsing Sha Highway of Hong Kong (including Stonecutters bridge)	102
安徽铜陵至黄山高速公路 Anhui Tongling-Huangshan Expressway	108
江苏南京至常州高速公路 Jiangsu Nanjing-Changzhou Expressway	114
广州抽水蓄能电站 Guangzhou Pumped Storage Power Station	118
广东飞来峡水利枢纽 Feilaixia water conservancy project of Guangdong province	122
秦皇岛港煤五期工程 Qinhuangdao Port Coal Terminal Project Phase V	126
宁波港北仑港区四期集装箱码头工程 Ningbo Beilun port Container Terminal Project Phase IV	130
上海500kV静安（世博）输变电工程 Shanghai 500kV Jing-an (Expo) power transmission and distribution project	134
山西沁水新奥燃气有限公司煤层气液化工程 The Liquefaction of Coal-bed Gas of Shanxi Qinshui ENN Gas Co.,Ltd	138
嘉兴文星花园住宅小区（汇龙苑、长中苑） Jiaxing Wenxing Garden (Huilongyuan, Changzhongyuan)	142

获奖工程及获奖单位名单
The List of Awarded Projects and Organizations

中国国际贸易中心三期工程（A阶段）
China World Trade Center Phase III A
（推荐单位：北京市建筑业联合会）

中建一局集团建设发展有限公司
中冶京诚工程技术有限公司
奥雅纳工程咨询（上海）有限公司北京分公司
北京兴耀国际工程管理公司
北京金雅装饰工程有限公司

1

中国科学技术馆新馆
New Museum of China Science and Technology Museum
（推荐单位：北京市建筑业联合会）

中国建筑第八工程局有限公司
中国科学技术馆
北京市建筑设计研究院
中建工业设备安装有限公司
国都建设（集团）有限公司

2

广州亚运城
Guangzhou Asian Games Town
（推荐单位：广东省土木建筑学会）

广州市重点公共建设项目管理办公室
广东省建筑设计研究院
广州市城市规划勘测设计研究院
广东省城乡规划设计研究院
广东省珠江工程建设监理有限公司
广州市建筑集团有限公司
广州机施建设集团有限公司
中铁五局（集团）有限公司
广东省工业设备安装有限公司
江苏河海新能源有限公司
中建钢构有限公司

3-01

亚运之舟——珠江新城海心沙地下空间及公园工程
Asian Games' boat——Underground space
and park of Haixinsha in ZhuJiang new city
（推荐单位：广东省土木建筑学会）

广州市建筑集团有限公司
广州机施建设集团有限公司
广州新中轴建设有限公司
广州市城市规划勘测设计研究院
广州市市政工程监理有限公司
中建钢构有限公司

3-02

广州天河体育中心综合改造及扩建工程
Guangzhou Tianhe Sports Center comprehensive renovation
and expansion project
（推荐单位：广东省土木建筑学会）

广东省第一建筑工程有限公司
广州市第三建筑工程有限公司
中国建筑第四工程局有限公司
广州市设计院
广州市重点公共建设项目管理办公室
广州建筑工程监理有限公司

3-03

南沙体育馆
Nansha Gymnasium
（推荐单位：广东省土木建筑学会）

广州协安建设工程有限公司
广州南沙开发区建设和管理局
华南理工大学建筑设计研究院
广州市机电安装有限公司
广州珠江工程建设监理有限公司

3-04

重庆大剧院
Chongqing Grand Theater
（推荐单位：重庆市土木建筑学会）

湖南省建筑工程集团总公司

重庆市江北嘴中央商务区开发投资有限公司
华东建筑设计研究院有限公司
重庆大学
中南大学土木工程学院

4

武汉至广州高速铁路武汉站
Wuhan Railway Station of Wuhan to Guangzhou High-Speed Railway
（推荐单位：铁道部建设与管理司）

中铁第四勘察设计院集团有限公司
武汉铁路局站房工程建设指挥部
中建三局建设工程股份有限公司
中建钢构有限公司

5

万科中心
Vanke Center
（推荐单位：深圳市土木建筑学会）

中建三局第一建设工程有限责任公司
深圳市万科房地产有限公司
中建国际（深圳）设计顾问有限公司
建研科技股份有限公司
中建钢构有限公司

6

广州萝岗会议中心（凯云楼）
Guangzhou Luogang Conference Center (Kaiyunlou)
（推荐单位：广东省土木建筑学会）

广东省第四建筑工程公司
广州凯得投资有限公司
广州珠江外资建筑设计院有限公司
汕头市潮阳建筑工程总公司
广东金辉华集团有限公司

7

青藏铁路那曲物流中心
The Qinghai-Tibet Railway Naqu Logistics Center
（推荐单位：中国铁路工程总公司）

中铁建工集团有限公司
中铁建工集团安装工程有限公司
中铁建工集团北京装饰工程有限公司
青藏铁路公司那曲物流中心铁路工程建设指挥部
甘肃铁一院工程监理有限责任公司

8

东方电气（广州）重型机器联合厂房
Dongfang Electric Corporation (GZ) Heavy Machinery Unity Factories
（推荐单位：广东省土木建筑学会）

广州市恒盛建设工程有限公司
广州市建筑集团有限公司
东方电气（广州）重型机器有限公司
机械工业第二设计研究院
广州市第三建筑工程有限公司
北京华兴建设监理咨询有限公司

9

河南广播电视发射塔
Henan Broadcast and TV tower
（推荐单位：中国建筑工程总公司）

中建八局第二建设有限公司
河南省广播电影电视局工程办公室
同济大学建筑设计研究院（集团）有限公司
青岛东方铁塔股份有限公司
中建钢构有限公司
浙江中南建设集团钢结构有限公司
深圳远鹏装饰设计工程有限公司

10

杭州湾跨海大桥
Hangzhou Bay Bridge
（推荐单位：中国铁路工程总公司）

中铁大桥局股份有限公司
杭州湾大桥工程指挥部
中交公路规划设计院有限公司
中铁大桥勘测设计院有限公司

11

获奖工程及获奖单位名单
The List of Awarded Projects and Organizations

中交第二航务工程局有限公司
中铁二局股份有限公司
浙江省交通工程建设集团有限公司
中铁四局集团有限公司
宁波交通工程建设集团有限公司
中国公路工程咨询集团有限公司
11

佛山东平大桥
Dongping Bridge in Foshan City
（推荐单位：中国交通建设股份有限公司）

路桥华南工程有限公司
四川省交通运输厅公路规划勘察设计研究院
上海同济工程项目管理咨询有限公司
长沙理工大学
12

襄渝铁路新大巴山隧道
New Dabashan Tunnel of Xiang-Yu Railway
（推荐单位：铁道部建设与管理司）

中铁二院工程集团有限责任公司
西安铁路局襄渝铁路工程指挥部
中铁隧道集团有限公司
铁科院（北京）工程咨询有限公司
铁道第三勘察设计院集团有限公司
13

国道317线鹧鸪山隧道
Zhegu Mountain tunnel of national highway line 317
（推荐单位：中华人民共和国交通运输部公路局）

中国人民武装警察部队交通第一总队
西南交通大学
中铁隧道集团一处有限公司
中铁二院工程集团有限责任公司
国道317线鹧鸪山隧道工程项目办公室
14

武汉至广州高速铁路浏阳河隧道
Liuyang River Tunnel of high-speed railway from Wuhan to Guangzhou
（推荐单位：中国铁路工程总公司）

中铁四局集团有限公司
中铁一局集团有限公司
中铁第四勘察设计院集团有限公司
15

香港青沙公路（含昂船洲大桥）
Tsing Sha Highway of Hong Kong (including Stonecutters bridge)
（推荐单位：香港工程师学会土木部）

香港特别行政区政府路政署
奥雅纳工程顾问(Arup)
艾奕康有限公司(AECOM)
安诚工程顾问有限公司(Hyder)
16

安徽铜陵至黄山高速公路
Anhui Tongling-Huangshan Expressway
（推荐单位：安徽省交通运输厅）

安徽省交通规划设计研究院
安徽省交通投资集团有限责任公司
广西壮族自治区公路桥梁工程总公司
同济大学土木工程学院
成都理工大学
安徽省交通建设工程质量监督局
中铁十九局集团第三工程有限公司
安徽省路港工程有限责任公司
安徽省公路桥梁工程公司
17

江苏南京至常州高速公路
Jiangsu Nanjing-Changzhou Expressway
（推荐单位：中华人民共和国交通运输部公路局）

江苏省交通工程建设局
江苏省交通规划设计院有限公司
胜利油田胜利工程建设（集团）有限责任公司
18

东盟营造工程有限公司
江苏省交通科学研究院股份有限公司
江苏东南交通工程咨询监理有限公司
18

广州抽水蓄能电站
Guangzhou Pumped Storage Power Station
（推荐单位：中国大坝协会）

广东蓄能发电有限公司
广东省水利电力勘测设计研究院
中国水利水电第十四工程局有限公司
19

广东飞来峡水利枢纽
Feilaixia water conservancy project of Guangdong province
（推荐单位：水利部建设与管理司）

广东省飞来峡水利枢纽管理处
中水珠江规划勘测设计有限公司
广东省水利电力勘测设计研究院
广东水电二局股份有限公司
广东省水利水电第三工程局
广东省源天工程公司
20

秦皇岛港煤五期工程
Qinhuangdao Port Coal Terminal Project Phase V
（推荐单位：中国交通建设集团有限公司）

中交一航局第五工程有限公司
中交第一航务工程勘察设计院有限公司
秦皇岛港股份有限公司
秦皇岛方圆港湾工程监理有限公司
中交天津航道局有限公司
中交第二航务工程局有限公司第六工程分公司
21

宁波港北仑港区四期集装箱码头工程
Ningbo Beilun Port Container Terminal Project Phase IV
（推荐单位：中国土木工程学会港口工程分会）

中交水运规划设计院有限公司
宁波港股份有限公司
宁波港工程项目管理有限公司
中交第三航务工程局有限公司宁波分公司
22

上海500kV静安（世博）输变电工程
Shanghai 500kV Jing-an (Expo) power transmission and distribution project
（推荐单位：上海市土木工程学会）

上海市第二建筑有限公司
华东建筑设计研究院有限公司
中国电力工程顾问集团华东电力设计院
上海市电力公司电网建设公司
上海建科建设监理咨询有限公司
23

山西沁水新奥燃气有限公司煤层气液化工程
The Liquefaction of Coal-bed Gas of Shanxi Qinshui ENN Gas Co.,Ltd
（推荐单位：中国土木工程学会燃气分会）

新地能源工程技术有限公司
山西沁水新奥燃气有限公司
山西华太建设监理有限公司
24

嘉兴文星花园住宅小区（汇龙苑、长中苑）
Jiaxing Wenxing Garden (Huilongyuan, Changzhongyuan)
（推荐单位：中国土木工程学会住宅工程指导工作委员会）

浙江中房置业股份有限公司
北京梁开建筑设计事务所
浙江中房建筑设计研究院有限公司
嘉兴市开元建筑工程有限公司
浙江嘉元工程监理有限公司
浙江鼎元科技有限公司
25

中国土木工程詹天佑奖简介
Introduction of Tien-Yow Jeme Civil Engineering Prize

一、为贯彻国家科技创新战略，提高工程建设水平，促进先进科技成果应用于工程实践，创造出优秀的土木建筑工程，特设立中国土木工程詹天佑奖。本奖项旨在奖励和表彰我国在科技创新和科技应用方面成绩显著的优秀土木工程建设项目。本奖项评选要充分体现"创新性"（获奖工程在规划、勘察、设计、施工及管理等技术方面应有显著的创造性和较高的科技含量）、"先进性"（反映当今我国同类工程中的最高水平）、"权威性"（学会与政府主管部门之间协同推荐与遴选）。

本奖项是我国土木工程界面向工程项目的最高荣誉奖，由中国土木工程学会和詹天佑土木工程科技发展基金会颁发，在住房和城乡建设部、铁道部、交通运输部及水利部等建设主管部门的支持与指导下进行。

本奖自第三届开始每年评选一次，每次评选综合大奖20项左右。

二、本项工程大奖隶属于"詹天佑土木工程科学技术奖"（2001年3月经国家科技奖励工作办公室首批核准，国科准字001号文），住房和城乡建设部认定为建设系统的三个主要评比奖励项目之一（建办38号文）。

三、本奖评选范围包括下列各类工程：
1. 建筑工程（含高层建筑、大跨度公共建筑、工业建筑、住宅小区工程等）；
2. 桥梁工程（含公路、铁路及城市桥梁）；
3. 隧道及地下工程、岩土工程；
4. 公路及场道工程；
5. 铁路工程；
6. 港口及海洋工程；
7. 市政工程（含给水排水、燃气热力工程）；
8. 水利、水电工程；

科技部颁发奖项证书
Certificates awarded by Ministry of Science and Technology

获奖代表领奖
Representatives receive awards

评审会议
The meeting of evaluation and jury

9. 特种工程（含防护工程、核工程、航空航天工程、塔桅工程、管道工程等）。

申报本奖项的单位必须是中国土木工程学会的团体会员。申报本奖项的工程需具备下列条件：

1. 必须在规划、勘察、设计、施工及管理等方面有所创新和突破（尤其是自主创新），整体水平达到国内同类工程领先水平；

2. 必须突出体现应用先进的科学技术成果，有较高的科技含量，具有一定的规模和代表性；

3. 必须贯彻执行节能、节地、节水、节材以及环境保护等可持续发展方针，在技术方面有所创新或形成成套技术；

4. 工程质量必须达到优质；

5. 必须通过竣工验收。对建筑、市政等实行一次性竣工验收的工程，必须是已经完成竣工验收并经过一年以上使用核验的工程；对铁路、公路、港口、水利等实行"交工验收或初验"与"正式竣工验收"两阶段验收的工程，必须是已经完成竣工验收的工程。

四、根据本奖的评选工程范围和标准，由学会各级组织、建设主管部门提名参选工程；根据上述提名，经詹天佑奖评委会进行遴选，提出候选工程；由候选工程的建设总负责单位填报"詹天佑奖申报表"和有关申报材料；最后由詹天佑奖指导委员会和评审委员会审定。詹天佑奖的评审由"詹天佑奖评选委员会"组织进行。评选委员会由各专业的土木工程专家组成。

詹天佑奖指导委员会负责工程评选的指导和监督。指导委员会由住房和城乡建设部、铁道部、交通运输部等有关部门领导组成（名单附后）。

五、在评奖年度组织召开颁奖大会，对获奖工程的主要参建单位授予"詹天佑"奖杯、奖牌和荣誉证书，并统一组织在相关媒体上进行获奖工程展示。

住房和城乡建设部、铁道部、交通运输部、水利部、科学技术部、中国科学技术协会等部委领导与获奖代表合影
The group photo of the awarded representatives and the officers of the Ministry of Housing and Urban-Rural Development, Ministry of Railways, Ministry of Transportation, Ministry of Water Resources, The Ministry of Science and Technology, China Association for Science and Technology, etc.

名单 指导委员会

詹天佑奖指导委员会组成名单
(2002年12月)

谭庆琏　中国土木工程学会理事长、建设部原副部长
蔡庆华　中国土木工程学会副理事长、铁道部副部长
胡希捷　中国土木工程学会副理事长、交通部副部长
许溶烈　中国土木工程学会顾问、建设部原总工程师
徐培福　中国土木工程学会副理事长、建设部科技委常务副主任
王铁宏　建设部总工程师
王麟书　铁道部总工程师
凤懋润　交通部总工程师
张　雁　中国土木工程学会秘书长
刘正光　香港工程师学会主席、香港特别行政区土木工程署前署长

科学技术奖证书

中华人民共和国
社会力量设立科学技术奖登记证书

登记证书编号： 国 科奖社证字第 0014 号

奖项名称： 詹天佑土木工程奖　　　　承办机构： 北京詹天佑土木工程科学技术发展基金会

设奖者： 中国土木工程学会　　　　　承办机构法定代表人： 张雁

奖励范围： 奖励全国具有创新性和较高科技含量的工程项目及完成主要工程的主要单位。　　承办机构地址： 北京市三里河路9号

根据《国家科学技术奖励条例》规定，准予该奖项进行评奖活动。

有效期自　2011 年 09 月 13 日至　2014 年 09 月 13 日

发证机关： 国家科学技术奖励工作办公室　　　　中华人民共和国科学技术部

2011 年 09 月 13 日　　　　　　　　　　　　　2011 年 09 月 13 日

中国国际贸易中心三期工程（A阶段）

China World Trade Center Phase III A

（推荐单位：北京市建筑业联合会）

南立面全景　South facade panorama

一、工程概况

中国国际贸易中心三期A阶段坐落于北京市朝阳区建国门外大街CBD核心区，是一座多功能现代化智能建筑，与国贸一期、二期构成110万m^2的建筑群，为目前全球面积最大的国际贸易中心。

工程分为主塔楼、宴会裙楼、商业裙楼三部分。建设占地面积6.21万m^2，总建筑面积29.65万m^2。主塔楼地下3层、地上74层；裙楼地下4层、地上5层。整体地下室为停车场、设备用房、后勤用房。国际精品商场区主要位于商业裙楼地下2至地上4层，宴会裙楼地上1、2层。

主塔楼以330m的高度，成为北京第一高楼。为满足8度抗震设防要求，主塔楼基础采用大直径桩筏基础，底板厚度4.5m；抗侧力体系为筒中筒结构，外筒为型钢混凝土框架筒体，内筒为型钢混凝土框支核心筒体+钢板墙组合结构。

主塔楼首层为9m净高接待大堂，7～53层为高档写字楼，56～68层为超五星级酒店客房，69～73层为综合娱乐会所和观景区，配备酒吧、餐饮、健身等设施。在300m高空设小型泳池及水疗中心。主楼5、28、29、54、55、74层为机电设备层。为满足消防疏散，于14、28、39、54、73层设置避难层，配备4台高速消防电梯。从主楼一层乘坐目前国内最快的10m/s电梯，40s即可到达楼顶。楼顶建造有直升机停降平台以满足超高层消防需求。

工程总投资28亿元，于2005年12月10日开工建设，2010年3月22日竣工。

二、科技创新与新技术应用

工程设计新颖、结构复杂、科技含量高、施工难度大。结构设计配合建筑和机电不同的功能创造性地采用钢—混凝土混合结构体系，首次在国内工程中大规模应用组合钢板剪力墙（CSPW），推动了国家相应技术规程的发展。

工程设计认真贯彻执行节能、节地、节水、节材以及环境保护的理念。大量选用了节能、节水、降噪等方面的新技术。施工中积极推广"建筑业10项新技术"，并在新技术的应用中有所突破创新，总结形成了具有代表意义的13项关键创新技术，其中超高层组合结构施工技术，研究解决了包括在施工流程、高程补偿计算与预调措施、垂直度控制、组合构件的施工工艺以及高强混凝土超高泵送关键技术，对混合结构施工有重要的参考价值；超大异型折叠式无机布防火卷帘施工技术的研究，在大跨度空间形成了可靠的防火卷帘系统，提高了防火卷帘运行的可靠性，为我国该类卷帘技术的发展作出了贡献，为现代建筑的发展提供了技术支持。

该工程在结构设计，机电系统设计，施工技术等方面有多项创新，获得了多项奖项。工程通过全国第六批建筑业新技术应用示范，整体水平到达国际先进水平。

三、获奖情况

1. "高层钢-混凝土混合结构体系设计与施工关键技术研究"获2010年度华夏建设科学技术一等奖；
2. 2007年度北京市结构长城杯金奖；
3. 2008年度中国建筑钢结构金奖；
4. 2011年度北京市建筑（竣工）长城杯金奖。

四、获奖单位

中建一局集团建设发展有限公司

中冶京诚工程技术有限公司

奥雅纳工程咨询（上海）有限公司北京分公司

北京兴电国际工程管理公司

北京金雅装饰工程有限公司

南立面全景-夜景　South facade panorama-night view

中国国际贸易中心
三期工程（A阶段）

近景　Close shot

会议室　Meeting Room

大宴会厅　Grand Ballroom Banquet hall

中国科学技术馆新馆

New Museum of China Science and Technology Museum

（推荐单位：北京市建筑业联合会）

一、工程概况

该工程建筑造型新颖，风格简约，整座建筑呈现为一个由鲁班锁构成的巨型魔方。工程占地面积4.8万m^2，长228m，宽182m，总建筑面积10.23万m^2，建筑总高度45m。地下一层，主要为动感影院、4D影院、停车库及设备用房；地上四层、局部五层，设有出入大厅、中央大厅、主题展厅、穹幕影院、巨幕影院、报告厅、多功能厅及办公用房等。

外装饰主要为铝折板幕墙、玻璃幕墙、石材幕墙。内装饰：室内吊顶主要为铝板、矿棉吸声板；墙面主要为铝板、涂料和木质吸声板；地面主要为石材、橡胶地板和玻化砖，地下车库地面为环氧自流平。

本工程8度抗震设防，框架抗震等级为一级，结构安全等级为一级。工程采用天然地基，钢筋混凝土筏板基础（底板平均厚度为1.4m，基础埋深10.47m）。主体为钢筋混凝土框架—剪力墙结构、局部钢结构（柱网间距13m，层高9.5m）。

工程于2006年11月18日开工，2009年8月17日竣工，总投资10.4亿元。

二、科技创新与新技术应用

1. 该工程在设计中追求建筑美观、实用，同时注重建筑的节能环保。由于建筑平面和竖向不规则，开大洞和大面积悬挑等情况，本工程对空间桁架相交节点、型钢混凝土—钢桁架关键节点进行了模型试

中国科学技术馆新馆东立面
East facade of New Museum of China Science and Technology Museum

验,对国内同类工程的设计具有指导和参考价值。

2. 在项目施工中形成了超高钢弦立筋水泥复合板隔墙施工技术、铝折板幕墙施工技术、镜面不锈钢板球形幕墙施工技术。

3. 在建筑保温节能、冰蓄冷空调系统利用、光导管道式日光照明技术应用、再生水利用、雨水收集与利用等方面充分应用先进的科学技术成果,有较高的科技含量。

三、获奖情况

1. 2007年度北京市结构长城杯金质奖;
2. 2009年度北京市建筑长城杯金质奖;
3. 2010~2011年度中国建筑工程鲁班奖。

四、获奖单位

中国建筑第八工程局有限公司
中国科学技术馆
北京市建筑设计研究院
中建工业设备安装有限公司
国都建设(集团)有限公司

中国科学技术馆新馆东北立面
Northeast facade of New Museum of China Science and Technology Museum

中国科学技术馆新馆西立面
West facade of New Museum of China Science and Technology Museum

中国科学技术馆新馆中央大厅
Central hall of New Museum of China Science and Technology Museum

中国科学技术馆新馆穹幕影院
Dome screen of New Museum of China Science and Technology Museum

中国科学技术馆新馆二层西侧主题展厅
The theme exhibition hall in the west side of the second floor of New Museum of China Science and Technology Museum

广州亚运城

Guangzhou Asian Games Town

（推荐单位：广东省土木建筑学会）

一、工程概况

广州亚运城位于广州市番禺区广州新城，总占地面积273万m²，由媒体村、运动员村、技术官员村、体育馆区（含综合体育馆、沙滩排球场等）、国际区、主媒体中心、后勤服务区（亚运城中、小学和医院）和亚运公园等部分组成，总建筑面积148万m²，市政道路14.5km，地下综合管沟8km，园林绿化设施102万m²。

广州亚运城总投资129亿元，于2007年11月开工建设，2010年10月竣工验收并正式投入使用，确保了2010年广州亚运会和亚残运会的成功举办。广州亚运城赛时满足了14700名运动员和随队官员（运动员村）、10000名媒体人员（媒体村）、2800名技术官员（技术官员村）以及其他工作人员18000名（配套国际区、主媒体中心、中小学内安排）进驻的使用要求。赛后，整个亚运城已转换成集购物、餐饮、娱乐、医疗、中小学等各项公共设施一应俱全的高品质生活社区。

二、科技创新与新技术应用

1. 亚运城采用岭南传统的生态簇团、择水而居的结构布局，注重生态环境建设，对现状水网水体进行改造利用，贯彻"绿色亚运"的理念。

2. 建造了全长8km的综合管沟，把分散独立埋设在地下的各种管线部分或全部汇集到一起，实施共同维护、集中管理。

3. 采用真空垃圾收集系统，实现垃圾自动化收集，有效减少环境污染。

4. 采用分质供水及雨水综合利用实现节约用水、可持续发展的建设理念，采用太阳能及水源热泵系统提高可再生能源的利用效率；建筑节能成效显著。

5. 采用数字化社区及智能家居，实现环境和设备的监控自动化；采用三维虚拟仿真系统，实现场馆信息咨询和实景再现；贯彻绿色交通、体现绿色亚运的理念。

6. 工程建设过程中应用了多项新技术：高大复杂多变曲率清水混凝土墙推广应用；调质阻尼器（TMD）解决大悬臂竖向振动及人行舒适度问题；解决了大跨度双曲屋面钢桁架安装（卸荷）过程变形控制技术；先进的监测和控制技术；新型墙体、新型防水材料的应用、幕墙整体安装技术；大跨度钢结构安装技术；多支腿铸钢节点安装与钢构件异种材质、多角度、全位置焊接技术等。

亚运城航拍图1　Aerial photo 1 of Asian Games City

三、获奖情况

1. 2009年度全国优秀城乡规划设计一等奖；
2. 2010年度中国钢结构金奖（国家优质工程）；
3. 2010年度广东省钢结构金奖"粤钢奖"。

四、获奖单位

广州市重点公共建设项目管理办公室

广东省建筑设计研究院

广州市城市规划勘测设计研究院

广东省城乡规划设计研究院

广州珠江工程建设监理有限公司

广州市建筑集团有限公司

广州机施建设集团有限公司

中铁五局（集团）有限公司

广东省工业设备安装公司

江苏河海新能源有限公司

中建钢构有限公司

亚运城航拍图2　Aerial photo 2 of Asian Games City

亚运城综合体育馆　Asian Games City Gymnasium

亚运城人文环境营造—岭南水乡　Asian Games City creating a human environment - Lingnan Watertown

亚运城雨水综合利用系统
Rain water reuse system for the Asia Games City

亚运城综合体育馆大跨度空间钢结构
Large-span steel structure of Asian Games City Gymnasium

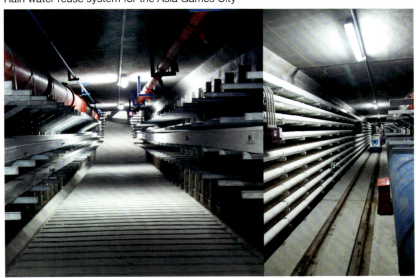
亚运城综合管沟
Comprehensive Trench Town of Asian Games City

亚运城太阳能及水源热泵系统
Solar energy and water source heat pump system of Asian Games City

29

亚运之舟——珠江新城海心沙地下空间及公园工程

Asian Games' boat——Underground space and park of Haixinsha in ZhuJiang new city

（推荐单位：广东省土木建筑学会）

一、工程概况

该工程是第十六届广州亚运会开、闭幕式的主场馆。占地面积约34.18万m²，规划净用地面积17.62万m²，建筑面积14.39万m²，于2009年5月26日开工建设，2010年10月25日竣工，总造价25亿元。工程主要由四大部分组成：看台及表演舞台区工程；地下空间及喷泉景观工程；地面人流进出岛设施工程；道路、景观绿化、改造工程。该工程专业覆盖面大，涵盖了土建、钢结构、市政、桥梁、隧道、码头、绿化、机电、燃气等，对专业交叉与衔接要求高。

亚运之舟体现了"以城市为背景，珠江为舞台"以及"启航"的理念，工程的主看台与海心沙舞台、喷泉景观区共同形成了"船"的造型。略为升起的看台，蕴含了"驾驶舱"的意念。看台雨篷采用悬索曲面膜结构，由14根巨型柱子支撑，宛如"桅杆"。看台背部用八片流线型飘带沿两翼的曲线延伸，构成一个有机整体，呼应着四座巨大LED风帆，宛如一艘巨大的帆船，在珠江上缓缓启航。

二、科技创新与新技术应用

1. 该工程整个设计为"扬帆起航"的效果，在舞台前方设置四座巨型风帆式LED显示屏，屏高80m，是世界上第一个具备抗风要求、具备折叠升降功能的大型风帆状LED显示屏。

2. 设计创新技术要点：主看台与海心沙舞台、火炬广场共同形成了"船"的造型；海心沙开幕式主会场看台的钢结构顶棚悬挑跨度达

工程全景图1 Project Panorama 1

68m，采用预应力斜拉索＋空间管桁架钢结构体系。该开敞式悬挑顶棚为亚洲之最；主看台雨篷采用钢结构和膜结构相结合作为一种新材料与新结构的设计，采用优良的织物，辅以柔性或钢性支撑，绷成一个曲率互反，有一定刚度和张力的结构体系；先进的舞台完美的设计奠定了开闭幕式成功的基础。

3. 施工创新技术要点：大型折叠升降LED显示屏风帆架施工技术；大面积水隐舞台施工技术；68m大悬挑拉索曲膜开敞式屋盖钢顶棚施工技术；大型隧道外包钢板防水层施工技术；大型光、影、声三合一喷泉设备及系统运行控制技术；内河冲积夹层桩基成孔施工技术。

4. 通过合理规划建筑选址、合理利用场地自然条件、采用节水器具以及建筑材料尽量就地取材等措施，努力践行绿色亚运理念。

三、获奖情况（无）

四、获奖单位

广州市建筑集团有限公司
广州机施建设集团有限公司
广州新中轴建设有限公司
广州市城市规划勘测设计研究院
广州市市政工程监理有限公司
中建钢构有限公司

工程全景图2　Project Panorama 2

亚运之舟——珠江新城
海心沙地下空间及公园工程

工程全景图3　Project Panorama 3

LED风帆折叠升降过程　Process of LED sail folding and lifting

大型音乐喷泉喷射效果测试　Large-scale musical fountain spray test

33

工程全景图4　Project Panorama 4

大型音乐喷泉夜景效果图
Night view rendering of large musical fountain

亚运之舟——珠江新城海心沙地下空间及公园工程

看台竣工后现场实拍图
Spectator stand after completion

广州天河体育中心综合改造及扩建工程

Guangzhou Tianhe Sports Center comprehensive renovation and expansion project

(推荐单位：广东省土木建筑学会)

广州天河体育中心综合改造扩建项目全景图1
Guangzhou Tianhe Sports Center comprehensive renovation and expansion project panorama 1

一、工程概况

广州天河体育中心是2010年第十六届亚运会的比赛场馆群，包括足球、篮球、网球、乒乓球、羽毛球、跳水、游泳的训练及比赛场馆，是主要比赛场馆之一。

原广州天河体育中心占地面积约58万m²，建筑面积9.6万m²，包括体育场（主、副场）、游泳馆、体育馆、网球馆、室外网球场、网球场综合楼、羽毛球馆、棒球场、大世界保龄球馆等，场馆结构为钢筋混凝土框架结构，部分为钢结构，建于1986年，用于1987年第六届全国运动会，至今已二十余年。由于建成使用时间较长，设施陈旧落后，部分器材、设备及装修已出现不同程度的破损，功能用房、器材、设备和设施不能满足亚运会比赛的使用要求，必须对场馆进行综合改造。

本项目包括对体育场（主、副场）、游泳馆、体育馆、网球馆、室外网球场、网球场综合楼、羽毛球馆的综合改造，以及新建三层地下空间，包括建筑及场地装修、体育工艺改造、设施和设备更新、消防、灯光照明、节能改造、建筑智能、环保绿化以及地下空间开发利用等内容。其中旧场馆改造建筑面积为9.6万m²，新建地下空间16.6万m²，总造价8.3亿元（其中综合改造4.3亿元，新建地下空间4亿元）。工程于2008年7月20日开工，2010年8月5日竣工。

二、科技创新与新技术应用

1. 大型旧体育场馆改造利用技术：大量减少新建场馆，大量节约投资和用地、用料，是"绿色亚运"的重要内容和体现。

2. 既有体育建筑的节能改造技术：注重先进技术的应用和能源的合理利用，对场馆进行全面改造，降低能耗。经节能改造后，节能、环保效果显著，为既有建筑节能改造提供了一个典范。

3. 场馆智能管理技术：对原场馆智能化系统进行全面改造升级，应用当前最先进的计算机、网络、通信、电子及控制技术，以结构化综合布线为基础，构筑起集成比赛、计时计分、转播、信息查询发布及管理的数字化、信息化和智能化比赛场馆，大幅提高管理效率和节约运营管理成本。

4. 智能化地下停车场管理技术：地下空间停车场高度智能化的导车、寻车系统，有效缓解车流量。

5. 亚运场馆及配套设施与城市公共配套、大众健身的赛后利用技术。

三、获奖情况

2011年度第三届广东省土木工程"詹天佑故乡杯"奖。

四、获奖单位

广东省第一建筑工程有限公司
广州市第三建筑工程有限公司
中国建筑第四工程局有限公司

广州天河体育中心
综合改造及扩建工程

广州市设计院

广州市重点公共建设项目管理办公室

广州建筑工程监理有限公司

广州天河体育中心综合改造扩建项目全景图2
Guangzhou Tianhe Sports Center comprehensive renovation and expansion project panorama 2

天河体育中心夜景图　Night view of Tianhe Sports Center

广州天河体育中心综合改造扩建项目全景图3
Guangzhou Tianhe Sports Center comprehensive renovation and expansion project panorama 3

天河体育中心游泳馆室内场貌　Tianhe Sports Center swimming pool

天河体育中心门式架悬吊法管线保护
Tianhe Sports Center door-frame suspension pipeline protection

南沙体育馆

Nansha Gymnasium

(推荐单位：广东省土木建筑学会)

一、工程概况

南沙体育馆位于广州市南沙区，是2010年第16届亚运会武术和卡巴迪项目的比赛场馆。占地面积1.75万m²，建筑面积3.02万m²，单层建筑，局部三层，建筑高度29m。赛后将作为南沙区举办体育、艺术表演和大型集会的综合性体育馆。

南沙体育馆结构采用混凝土框架及钢结构相组合的形式；屋盖结构采用了双层轮辐式空间张弦结构体系，屋盖外围9个多曲面钢结构单元，铝镁锰板围护及蜂窝铝板装饰相结合的屋面板中央设置了一个S型天窗。工程包括：地基与基础、主体结构工程（钢结构）、建筑装饰装修（金属、石材幕墙）、建筑屋面、建筑给排水、建筑电气、智能建筑、通风与空调、电梯安装、建筑节能共10个分部工程。

工程于2008年10月10日开工，2010年8月30日竣工，总投资6.97亿元。

二、科技创新与新技术应用

1. 屋顶采用了新型双层轮辐式空间张弦结构，这是一种杂交程度较高的组合式结构，属于多方向共同受力的空间张弦结构叠合体系，为空间结构的选型提供了一种很有参考价值的结构体系。

2. 采用创新的双环预应力钢结构屋架安装技术，包括双环贝雷架柱临时支撑系统和环形钢结构对称跳装技术，解决了满堂红脚手架等

南沙体育馆跌宕起伏的外围板块和整齐划一的金属屋面饰面板分块
The uneven surface of Nasha Gymnasium and the orderly divided metallic roof panels.

临时支撑体系无法张拉屋盖下弦预应力索的难题，提高了安装精度，缩短了施工工期。

3. 在屋盖上设计了一个大S型天窗，充分利用自然采光，节省能源。大型S型天窗具有非常好的隔热性能，又可满足白天体育活动所需要的阳光投入。同时屋顶设置了电动遮阳系统用以调节大厅内光线的强弱，最大限度的节约能源。

三、获奖情况

1. 2010年度广东省钢结构金奖（粤钢奖）；
2. 2011年度中国钢结构设计金奖（国家优质工程）；
3. 2011年度中国钢结构施工金奖（国家优质工程）；
4. 2011年度广州市建设工程质量"五羊杯"奖；
5. 2011年度广东省建设工程质量金匠奖；
6. 2011年度第三届广东省土木工程"詹天佑故乡杯"奖。

四、获奖单位

广州协安建设工程有限公司
广州南沙开发区建设和管理局
华南理工大学建筑设计研究院
广州市机电安装有限公司
广州珠江工程建设监理有限公司

竣工后体育馆航拍实物照1 通过整个场馆的规划设计,与周围的自然环境很好得融合在一起,体现了人与环境的统一与天人合一的设计理念。
Aerial photo 1 of the gymnasium after completion the planning design of gymnasium is good together with the natural environment, which shows the harmony between man and nature.

南沙体育馆

竣工后体育馆航拍实物照2　Aerial photo 2 of the gymnasium after completion

跌宕起伏的外围板块　The uneven surface

竣工后体育馆航拍实物照3　Aerial photo 3 of the gymnasium after completion

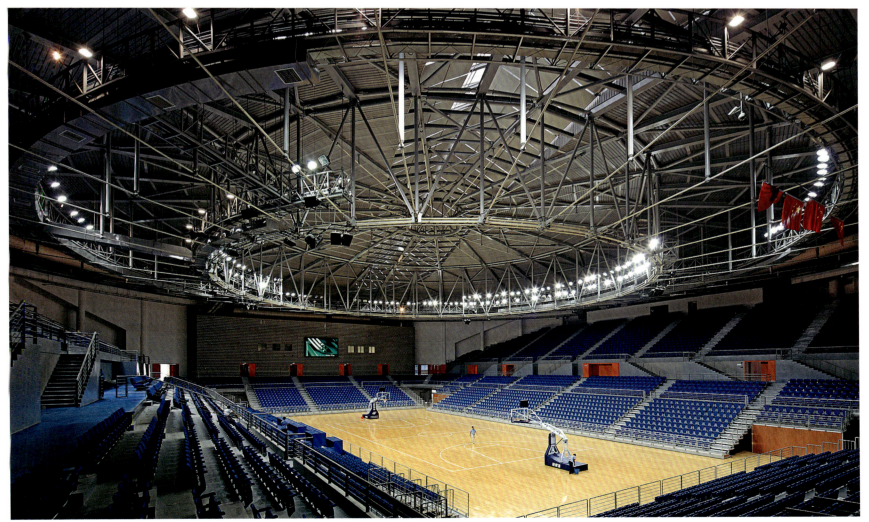
轻盈灵巧的双层轮辐式空间张弦结构内围钢屋架
The steel roof struss of Nansha Gymnasium with double-layer spoke-type spatial string structure

重庆大剧院
Chongqing Grand Theater

（推荐单位：重庆市土木建筑学会）

工程全景1　Project Panorama 1

一、工程概况

重庆大剧院总建筑面积10.33万m^2，长262.5m，宽159.5m，地下2层，地上7层，由1850座的大剧场和930座的中剧场及其配套用房组成，是一座集表演、观看、排练、剧务、服装、道具、停车、餐饮、观光于一体的现代化智能剧院。

该工程建筑形态雄伟别致，立体造型具有现代气息，建筑外形由11个棱角分明的几何块体组成，宛如缓缓驶入长江的巨轮；外墙采用翡翠色玻璃幕墙，与周围青草、绿水融为一体，恰到好处得体现出重庆"山水之城"的特点。夜晚，灯光透过翡翠色玻璃幕墙映射到天空，整个建筑晶莹剔透，宛若江面升起的璀璨明珠，与空中闪烁星空交相辉映，成为重庆一道极具识别性的独特夜景。

工程于2007年1月28日开工，2009年9月1日竣工，总投资15.23亿元。

二、科技创新与新技术应用

该工程在设计和施工方面做了多项研究：超长结构无缝设计与施工技术、大悬挑型钢混凝土结构设计与施工技术、细长柱模型柱法设计方法、复杂形体建筑体型系数及风载设计取值研究、厅堂音质模拟仿真技术、江水源热泵技术等，取得创新成果。

该工程认真贯彻国家节能环保政策，完成了江水源热泵技术应用，成为可再生能源建筑应用国家示范项目。该工程有较高科技含量，在新技术应用方面取得很好成绩，获得全国建筑业应用示范工程奖励。大悬挑施工技术形成成套技术，成为国家级工法；另有多项技术形成省级工法。

三、获奖情况

1. 2010年度中国建筑工程鲁班奖；
2. 2009年度重庆市巴渝杯优质工程奖；
3. 2010年度上海市优秀勘察设计奖。

四、获奖单位

湖南省建筑工程集团总公司
重庆市江北嘴中央商务区开发投资有限公司
华东建筑设计研究院有限公司
重庆大学
中南大学土木工程学院

工程全景2　Project Panorama 2

重庆大剧院

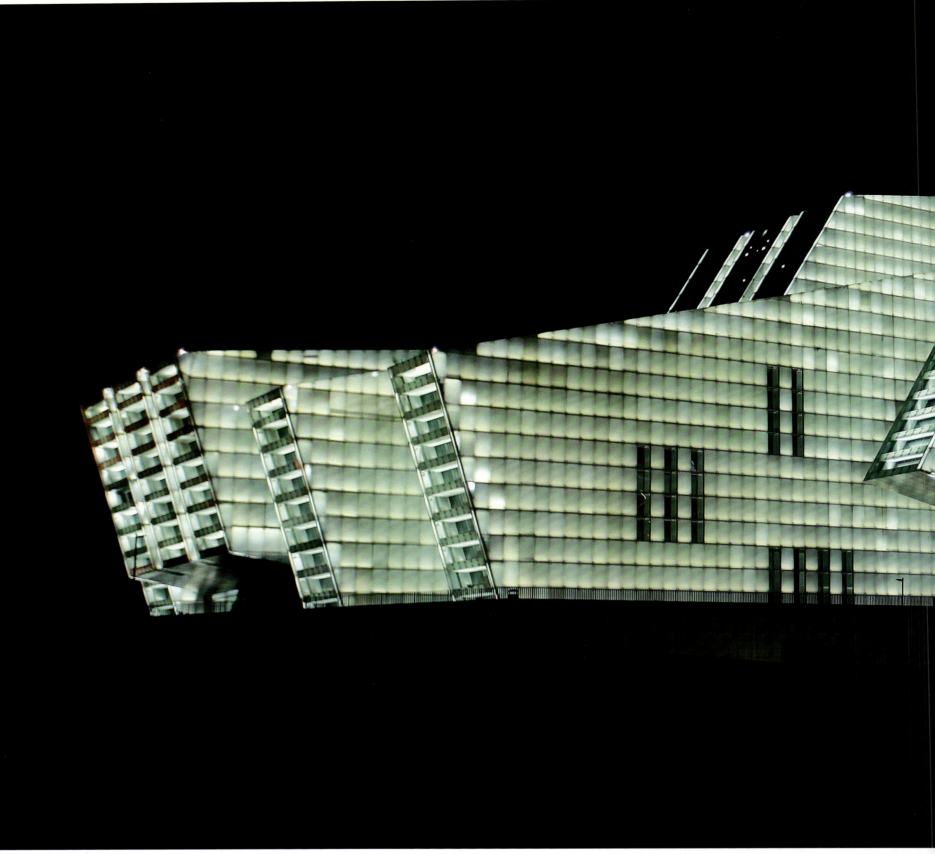

重庆大剧院夜景　Night View of Chongqing Grand Theatre

剧场大堂　Theater Lobby

大剧场　Grand Theatre

V形柱　V-shape column

大跨度悬挑钢楼梯　Big-span overhung steel stairs

武汉至广州高速铁路武汉站

Wuhan Railway Station of Wuhan to Guangzhou High-Speed Railway

（推荐单位：铁道部建设与管理司）

一、工程概况

武广高铁武汉站坐落于武汉市青山区，是一个集高速铁路、城际铁路、市郊铁路和地铁、公交、长途汽车、出租车、社会车辆等市政交通设施为一体的大型综合交通枢纽。武汉站总建筑面积33.23万m²，屋面最高点59.3m；结合站场的高架布置形式，车站采用全高架式候车，采取"上进下出"的构思，将站房分为高架候车层、站台层、出站层、地下层四个主要层面。采用"桥建合一"大跨度综合结构体系。设站台面29个，客车到发线20条，年旅客发送容量为3100万人，平均日发送量为8.49万人。工程总投资41.3亿元，于2006年9月29日开工，2009年12月26日竣工。

武汉站是我国高速铁路新型客站，与传统车站相比，在车站的设计理念、功能流线、站场条件、工程规模等方面均有较大不同。该工程运用全新的现代化综合交通枢纽理念精心设计。在设计和施工过程中借鉴国外先进经验，并结合我国国情特点大胆创新，提出了"城区车站非地面化"、"零候车 + 零换乘"、"文化打造百年不朽"、"绿色铁路车站"、"桥建合一"等一系列创新理念。

二、科技创新与新技术应用

1. 在国际上首次提出了"站桥合一"的客站设计理念。

2. 开展了高速铁路"桥建合一"结构体系、清水混凝土异型特大桥施工关键技术、大跨度枝状支撑空间曲面钢结构施工技术、高速列车振动作用下复杂混凝土结构疲劳性能及耐久性研究、站房频遇振动幕墙减振抗振关键技术等一系列技术研究和攻关，形成了重要科技成果。

3. 开创并总结了铸钢件制作工艺，填补了多项国内外空白。

4. 攻克了"桥建合一"站房大跨度枝状支撑空间曲面钢结构施工难题，实现了结构形式复杂、造型独特的大跨度空间曲面钢结构的安全快速安装。

5. 对高架车站中列车高速行进过程中的风环境、集成型建筑节能技术（太阳能光伏发电、电源热泵、自然通风、自然采光等）、大型站房声环境、消防安全和供电系统的研究，取得了重要成果。

武汉站的课题成果已纳入相关标准或规范，并成功应用在武汉站、广州南站、南京南站等大型铁路客站的设计实践中，对类似工程具有积极的借鉴意义。

三、获奖情况

1. 2011年度湖北省建筑优质工程（楚天杯奖）；
2. 2011年度铁路优质工程（勘察设计）一等奖；
3. 2011年度武汉市建筑工程黄鹤杯金奖；
4. "特大型铁路客站节能关键技术研究"获2009年度铁道科学技术二等奖。

四、获奖单位

中铁第四勘察设计院集团有限公司
武汉铁路局站房工程建设指挥部
中建三局建设工程股份有限公司
中建钢构有限公司

武汉站立面全景　　Facade of Wuhan Station

武汉至广州高速铁路武汉站

武汉站东广场方向鸟瞰实景
Bird-eye View of Wuhan Station east square

武汉站东北视角实景　Northeast View of Wuhan Station

大跨度枝状支撑空间曲面钢结构变形控制和监测技术创新
Curved steel structure morphosis contro and monitoring technology innovation of big-span branch supporting space

站台层钢结构支撑 Streel structure on platform floor

混凝土桥墩外观 Concret bridge pier

第十届（2011年度）中国土木工程詹天佑奖获奖工程集锦

武汉站东广场方向夜景　Night view of Wuhan Station east square

武汉站中央大厅实景　Main hall of Wuhan Station

武汉至广州高速铁路武汉站

万科中心
Vanke Center

(推荐单位:深圳市土木建筑学会)

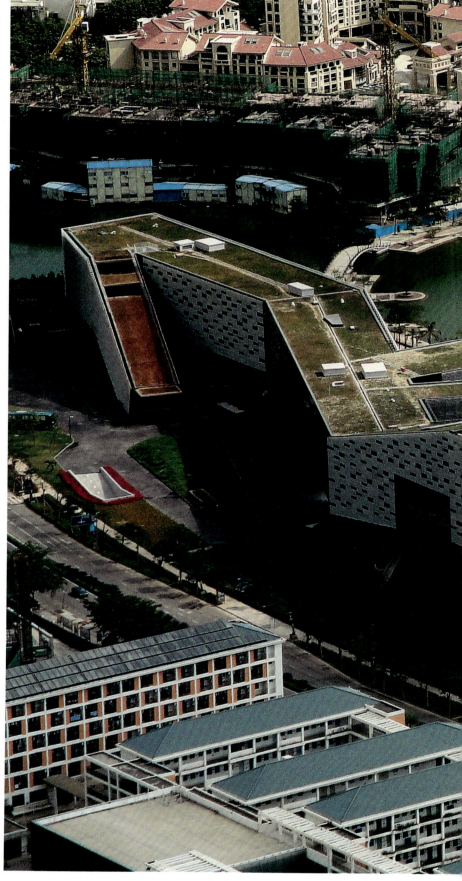

万科中心全景照片　Overall view of Vanke Center

一、工程概况

万科中心工程位于深圳市盐田区,是集万科集团总部办公楼及其他的酒店、会议、展览等为一体的综合大楼。占地6.17万m^2,总建筑面积12.13万m^2。地下1层,地上6层。建筑跨度为25~56m,悬挑端长度20m;首层架空高度15m。建筑长度385m,宽度20m,整幢建筑形似一条腾飞的巨龙。工程总投资3.77亿元,于2007年5月15日开工,2009年9月23日竣工。

该工程采用钻孔灌注桩和预应力管桩基础,地下室结构类型为钢筋混凝土框架结构,地上采用钢结构、钢筋混凝土结构+拉索结构体系。通过二层钢结构由预应力斜拉索将上部建筑结构荷载传递至竖向承力结构,竖向承力结构为9个钢筋混凝土筒体及6片1m厚钢筋混凝土墙体和2处圆钢管柱群。二层为钢结构框架梁,钢筋桁架楼板,三层以上为混凝土框架结构。筒体和墙体内设有劲性钢柱及钢梁。

预应力拉索采用公称直径为7mm、抗拉强度为1670 MPa的低松弛高强度镀锌钢丝。分别采用了PES(C)7×265、PES(C)7×409和PES(C)7×499三种规格的成品钢拉索,共计120根,总重达290t。最长索长为29.48m,单根最大重量7.5t,其中7×499是国内最大规格的成品钢索。预应力斜拉索的两端采用铸钢节点,由216个铸钢件将钢拉索与建筑结构连接起来,钢拉索上端部在钢筋混凝土结构内,下端部与二层主钢梁进行连接。

二、科技创新与新技术应用

1. 为解决首层大部分架空形成的大悬挑和大跨度,采用桥梁斜拉索原理,构建了集大跨度钢结构、预应力斜拉索与钢筋混凝土核心筒于一体的新结构体系,充分利用预应力钢拉索性能,最大限度地释放地面空间。

2. 在施工中形成了滨海地区高性能清水混凝土施工技术、竹模清水混凝土施工技术、预应力斜拉索房屋建筑施工技术、斜钢管柱施工技术等。

3. 工程以绿色、环保、节能建筑为设计理念,采用了一系列新技术、新工艺:中水、雨水、人工湿地的综合利用,太阳能光伏并网发电,自然采光井,冰蓄冷系统利用,外墙保温节能和屋顶种植保温,与滨海环境完美融合等。

三、获奖情况

1. 2009年度深圳市优质结构工程奖;
2. 2010年度深圳市优秀工程勘察设计一等奖;
3. "特色清水混凝土综合技术研究与应用"获2009年度湖北省科技进步奖二等奖。

四、获奖单位

中建三局第一建设工程有限责任公司
深圳市万科房地产有限公司
中建国际(深圳)设计顾问有限公司

万科中心

建研科技股份有限公司
中建钢构有限公司

万科中心南侧立面　South facade of Vanke Center

万科中心西侧立面　West facade of Vanke Center

种植屋面及光伏电池板　Roof garden and PV panels

斜钢管柱群　Slope steel cylinders

广州萝岗会议中心（凯云楼）
Guangzhou Luogang Conference Center (Kaiyunlou)

（推荐单位：广东省土木建筑学会）

一、工程概况

广州萝岗会议中心（凯云楼）位于广州市萝岗区，是一座集会议、展览、档案存储及商务于一体的生态型、高技术含量的智能化绿色会议中心。

该工程规划用地面积3.53万m²，总建筑面积4.27万m²，地上建筑面积2.82万m²，地下建筑面积1.46万m²；建筑高度20m；地下2层，地上3层。主要包括：一个730座的国际会议厅，一个250座的多功能国际会议厅，三个120座的中型会议厅，八个60座的小型会议厅，会议档案存储、展览区，以及为整个项目配套的餐厅及其配套的设备用房、行政用房、停车库、配套设施用房等部分；楼层层高分为4.5m、6m、8m、12m、20m，最大跨度23m。

工程的抗震设防烈度为7度，筏板钢筋混凝土基础，采用钢筋混凝土框架-剪力墙结构。建筑密度34.9%，容积率0.715。工程总投资3.35亿元，于2008年4月12日开工建设，2009年6月28日完成竣工验收。

二、科技创新与新技术应用

1. 规划设计因地制宜，利用废弃水塘建湖、荒野丘陵依地势建房、山坡绿化成景，大量节省建设资金。

2. 会议、接待等建筑布置在西南部靠近主干道的位置，配套服务设施则在东北部；两条建筑折线之间为生态景观走廊，将室内与室外的绿化相融合，垂直与平面绿化相穿插，构筑出集″山水园林生态一体″的自然、生态、低碳的多功能开放式会议中心。

3. 结合夏热冬暖地区的气候特点及本项目使用功能，大量采用自然通风、自然采光和建筑遮阳等节能设计理念及绿色节能技术、设备、材料，节能、环保效果显著。

4. 收集利用丰富的地下水及雨水资源，结合总体规划设计循环水系，营造会议中心″流动″的山湖水景，并为区内绿化浇灌、景观水体及环境保护提供天然水源，大大节约了水资源。

5. 整个智能化系统由中央控制管理中枢集成协调和控制，对中央空调、电梯、变配电、照明系统均贯彻节能方针，实时最佳点能耗控制，时间切换，最大限度降低会议中心的能源消耗，经检测，该系统整体节能较常规设计节能32%，达到降低运行成本和节能的目的。

6. 保温隔热复合式外墙由干挂大理石与加气混凝土砌块组成，施工中创新采用激光标线仪进行大理石三维同步定位，确保墙体的美观及大理石安装定位的准确，工艺简单，可操作性强。

全景1　Panorama 1

三、获奖情况

1. 2011年度广东省建设工程质量金匠奖；
2. 2011年度广州市建设工程质量″五羊杯″奖；
3. 2010年度第二届广东省土木工程″詹天佑故乡杯″奖；
4. 2010年度广州市优秀工程设计二等奖。

四、获奖单位

广东省第四建筑工程公司

广州凯得投资有限公司

广州珠江外资建筑设计院有限公司

汕头市潮阳建筑工程总公司

广东金辉华集团有限公司

全景2　Panorama 2

全景3　Panorama 3

顶云走道　Top floor walkway

大礼堂　Auditorium

青藏铁路那曲物流中心

The Qinghai-Tibet Railway Naqu Logistics Center

（推荐单位：中国铁路工程总公司）

一、工程概况

青藏铁路那曲物流中心地处藏北地区中心，海拔约为4500m，以青藏铁路那曲车站为中心，长约7km，宽1.5km，占地面积达8000亩，是西藏第一个铁路、公路货运枢纽型物流基地。那曲物流中心以青藏铁路为依托，联系拉萨，辐射昌都、阿里、日喀则北部等地区。物流中心按功能定位划分为散堆装物流区、综合物流区、生产加工区等部分，具备产品加工、储存、贸易、配送等现代化物流功能。

工程于2007年9月28日开工，2010年3月24日竣工，总投资14.68亿元。

二、科技创新与新技术应用

青藏铁路那曲物流中心工程是国内首次在高寒（最低温度-42℃）高海拔（海拔4500m）特殊环境下一次建成规模最大、具有我国一流水平的现代化铁路物流中心。该工程借鉴并发展了青藏铁路设计理念和施工技术，克服了高原深季节性冻土、高寒缺氧、生态脆弱等困难。采用太阳能等清洁能源，建成了目前全国单体面积最大的太阳能采暖系统（7616m²），在世界自然基金会确定的"全球生物多样性保护"最优先地区施工中大面积搬迁并建成世界海拔最高的人工湿地（2万m²）。该工程通过地表和地下渗沟系统，以可持续发展方式解决了高原8000亩站场丰富地表水和地下水对工程施工和运营的影响。本工程进行系统设计和建设，具备产品运输、装卸、仓储、集散、加工、

物流中心1号门　Logistics center door No.1

交易等综合物流管理服务功能,全面实现信息化管理。有效地满足了节能、节地、节水、节材以及环境保护的要求。

1. 工程采用太阳能采暖,燃油锅炉做辅助热源的综合供暖技术,解决了那曲地区高寒缺氧,供暖负荷大的难题,确保了工程低碳、环保、经济的要求。运用"自限温电伴热防冻技术"进行太阳能管道保温,保证了管道在恶劣环境下的环保、经济、高效、可靠、便于维护的需求。

2. 成功实施了高原、高寒地区大面积绿化施工,实现了湿地的整体搬迁。

3. 进行《高原地区风光互补供电关键技术》研究,提出的适合高原地区的风光互补控制技术,在该领域具有创新意义。

4. 在海拔4000m以上地区首次进行列车运行条件下的框架桥顶进施工。

5. 通过地表排水沟和地下渗沟系统的综合运用,解决了高原8000亩站场丰富地表水和地下水对工程施工和运营的影响。

6. 高原地区首次应用大型管桁架屋架系统,解决了强风高寒下的焊接质量问题。

7. 组织并实施《钢结构屋面太阳能采暖大面积应用的防水处理》。

三、获奖情况

1. 2010年度中华全国铁路总工会"火车头奖杯";
2. 2011年度西藏自治区"雪莲杯"优质工程。

四、获奖单位

中铁建工集团有限公司
中铁建工集团安装工程有限公司
中铁建工集团北京装饰工程有限公司
青藏铁路公司那曲物流中心铁路工程建设指挥部
甘肃铁一院工程监理有限责任公司

综合物流区1 Comprehensive logistics area 1

综合物流区2 Comprehensive logistics area 2

弃土场环保恢复
The environmental protection measure such as leaves soil field environmental protection instauration

那曲物流中心　The Qinghai-Tibet Railway Naqu Logistics Center

东方电气（广州）重型机器联合厂房

Dongfang Electric Corporation (GZ) Heavy Machinery Unity Factories

（推荐单位：广东省土木建筑学会）

一、工程概况

本工程地质为淤泥质软土地基，临近河涌，场地软弱土层厚，淤泥层平均厚20m，另有局部松散的中砂层，平均层厚3m。工程基础为Φ800冲孔灌注桩，桩长最深为58m，共648根。地坪桩为Φ500、Φ600静压管桩，桩长24～36m，共7464根，为五跨单层重型钢结构框架厂房，厂房长度346.65m，宽度163.05m，屋顶最大高度35.73m。各跨中均设有桥式起重机，总共26台，单机起重量最大为600t。厂房在11轴与12轴钢柱之间设置有伸缩缝。厂房建筑面积56521m²，总用钢量15416t。

钢柱为三阶钢柱，下柱为双肢格构柱，中柱为"双联六口"箱型柱，上柱为焊接组合工字型柱。柱高（长）43.9m，单柱最大重量为90t。柱脚为杯口承插刚性固接式。屋梁为焊接组合工字型变截面，尺寸b×h=1200mm×2500mm，屋梁与柱的连接为高强螺栓刚性连接。

钢吊车梁跨度18m，截面为组合焊接工字型等截面，高度4500mm，宽度850mm，单根重量30t。厂房屋盖系统为新型KL700自锁式防水保温压型彩板多阶单坡有组织排水，坡度为5%，单坡最大长度为76.766m。厂房内有探伤室（箱型结构），及七个辅房，辅房为钢筋混凝土框架结构。

工程于2008年9月26日开工，2010年6月28日竣工，总投资4.1851亿元。

二、科技创新与新技术应用

该工程是国内首次以国际领先水平的第三代核电技术非能动安全系统的AP1000机组及世界单机发电容量最大的EPR机组为代表产品的自主化、国产化、批量化，世界上核电产品种类最多，规模最大的制造基地。

设计起重能力达600t的超重型厂房，采用了刚架结构体系，框架节点采用圆弧刚性连接，屋面梁采用实腹式变截面钢梁，单方用钢量为390kg/m²，大大低于国内同级同类厂房550kg/m²的用钢量。

采用移动式焊接烟尘净化系统处理焊接烟尘，净化效率超过99%。在噪声控制方面，采用隔音外壳和隔振措施，减少噪声影响。

采用火灾报警、故障报警、电源自动切断、备用电源欠压报警等智能监控系统，达到国内同类建筑较高水平。

施工方面：采用大面积超深软基密集群桩施工技术，开口锯齿形桩尖，控制了地基隆起和桩上浮等的发生。采用76m超长自锁式防水保温双层压型彩板屋面无缝施工技术。

三、获奖情况

2011年度第三届广东省土木工程"詹天佑故乡杯"奖。

厂房全景图1　Panoramic view of the plant 1

四、获奖单位

广州市恒盛建设工程有限公司

广州市建筑集团有限公司

东方电气（广州）重型机器有限公司

东方电气（广州）重型机器联合厂房

机械工业第二设计研究院

广州市第三建筑工程有限公司

北京华兴建设监理咨询有限公司

厂房全景图2　Panoramic view of the plant 2

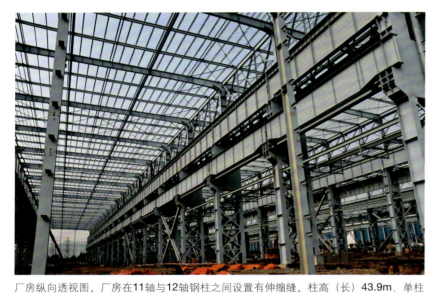

厂房纵向透视图。厂房在11轴与12轴钢柱之间设置有伸缩缝。柱高（长）43.9m，单柱最大重量为90t。吊车梁跨度18m，截面H4000mm×850mm×16mm×36mm。
Longitudinal perspective of the plant . The expansion joint was established between 11th and 12th axis of the plant. The height (length) of the column is 43.9m. The maximum weight of the single column is 90t. The span of crane beam is 18m, the section H is 4000mm×850mm×16mm×36mm.

厂房纵向竣工透视图。本工程是我国核电站核承压设备、大型石化容器等重型、高精尖设备的制造基地，该工程的建设符合国家产业政策和南沙产业发展方向，对促进广东产业升级有重要作用。
Longitudinal perspective of the plant after completion. This project is the heavy, precise and advanced equipment manufacture base for the nuclear power station nuclear pressure-bearing equipment and the large-scale petrochemical containers. The project construction complies with national industrial policy and the development direction of Nansha industry, which plays a vital role in promoting the Guangdong industry.

厂房全景图3　Panoramic view of the plant 3

东方电气（广州）重型机器联合厂房

正在吊装第一根钢柱。《提高重型钢柱安装质量》获2010年全国工程建设优秀质量管理小组一等奖。《工业厂房超高超重异形钢柱安装施工工法》获得2009年省级工法。
Hoisting and installing the first steel column. The 2010 national engineering construction outstanding quality control group first award was conferred by "*Improving Heavy Steel Column Installment Quality*". In addition, "*Industry Plant Super-elevation Overload Different Shape Steel column Installment Construction Labor Law*" obtains the 2009 Provincial Construction Method Award.

东方电气（广州）重型机器联合厂房

吊装钢结构屋梁。屋梁最大跨度37.625m，屋面梁为组合工字形截面，次构件有型钢和组合截面，总用钢量约为15416t。
Hoisting and installing steel structure beam. The longest span of the beams is 37.625m, which combines the I-shaped section, the secondary component section steel and the compound section. The total amount of steel is approximately 15,416 t.

屋面系统双层压形钢板底板图。厂房屋盖系统为新型KL700自锁式防水保温压型彩板多阶单坡有组织排水，坡度为5%，单坡最大长度为76.766m。
The roofing system double layer pressure-shaped steel plate bottom board. The roofing system of the plant adopted new KL700 self-locking type waterproof and thermal insulation pressure-shaped color plate with multi-stage single slope organized drainage. The slope is 5% and the maximum length of the single slope is 76.766m.

河南广播电视发射塔

Henan Broadcast and TV tower

（推荐单位：中国建筑工程总公司）

一、工程概况

河南广播电视发射塔工程位于郑州市，总建筑面积5.8万m²，地下1层，地上48层，总高度388m，桅杆高120m，是目前世界上第一高的全钢结构塔建筑。

该工程结构形式独特，采用全钢结构体系，分为塔座、塔身、塔楼及天线桅杆四部分。塔座部分为钢框架结构，直径148m；塔身的外塔由10根截面为桉叶糖形的钢柱组成，柱边长2.7m，外塔柱盘旋上升，两两相交处形成巨型"X"形节点；内筒结构由10根直径700mm的钢管柱及横梁组成，内、外筒之间设有四道支撑相连接；塔楼结构共十二层，逐层向外延展，形成梅花瓣造型，天线桅杆下部采用钢管格构式结构，上部为封闭式箱形结构。各安装单元构件全部通过高强度螺栓连接。

工程于2007年3月20日开工建设，2010年6月10日竣工验收，工程总投资6.12亿元。

二、科技创新与新技术应用

河南省广播电视发射塔设计整体造型新颖，结构形态复杂，科技含量高。结构设计开展了大量理论和试验研究，如进行了外塔柱承载力试验、整体振动台试验、风洞试验、复杂节点承载力试验。并在电视塔283m标高处设置了吊索悬挂消防水箱，减小了风振的影响。

施工过程中，研制了液压双缸高强度螺栓张拉器，实现了镀锌高强度螺栓直接张拉法施工，保证了节点刚度，满足了设计要求。研制了可调式挂架平台、抱箍式构件与可拆卸式操作平台，保证了钢结构施工的安全实施及高空复杂环境下钢结构的施工质量。制订了《河南省广播电视发射塔工程钢结构施工质量验收标准》及幕墙验收标准，为以后同类工程施工提供了宝贵的借鉴作用，也为超高塔桅钢结构及幕墙规范的修订打下良好的基础。

三、获奖情况

2011年度河南省工程建设优质工程奖。

四、获奖单位

中建八局第二建设有限公司
河南省广播电影电视局工程办公室
同济大学建筑设计研究院（集团）有限公司
青岛东方铁塔股份有限公司
中建钢构有限公司
浙江中南建设集团钢结构有限公司
深圳远鹏装饰设计工程有限公司

河南省广播电视发射塔南立面　South elevation of Henan Broadcasting and TV Tower

河南广播电视发射塔

河南省广播电视发射塔夜景　Night view of Henan Broadcasting and TV Tower

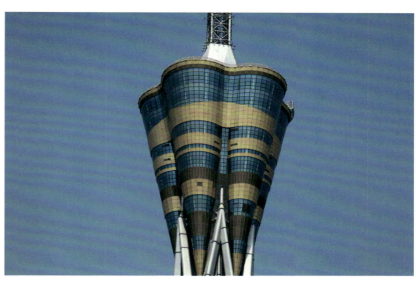
塔楼外立面　Tower building facade

结构模型振动台抗震试验　Shaking table test of structure model

塔座外立面　Tower base facade

杭州湾跨海大桥
Hangzhou Bay Bridge

（推荐单位：中国铁路工程总公司）

一、工程概况

杭州湾跨海大桥位于钱塘江入海的河口海湾，全长36km。大桥设北、南两组通航孔，每组通航孔设一个主孔、两个副孔。北航道桥为跨度（70+160+448+160+70）m钢箱双塔斜拉桥，北通航孔主孔主要通行5000t级海轮，副孔通行1000t级海轮；南航道桥为跨度（100+160+318）m独塔钢箱斜拉桥，南通航孔主孔通行3000t级海轮，副孔通行300t级海轮。海上引桥均为跨度70m预应力混凝土连续箱梁。

杭州湾跨海大桥前期工作历时十年，经四年零四个月的工程建设，在强潮海湾建成了世界上最长的跨海大桥。大桥施工海域自然条件复杂，海上施工船舶多，施工过程经受了多次天文大潮和台风侵袭，工程总投资逾140亿元，整个施工过程中未发生过一起重伤及以上安全事故，创造了零死亡率的纪录。经检测验收，分项工程合格率达到100%，工程质量获得社会高度评价。

大桥工程，于2003年11月14日开工建设，2008年5月1日竣工。

二、科技创新与新技术应用

1. 总体设计方案立足于"工厂化、大型化和机械化"的设计理念和"施工方案决定设计方案"的原则，最大限度地减少了海上作业，充分利用了当代桥梁建设的先进技术手段，开创了跨海大桥建设的新模式，启动了我国跨海桥梁新材料、新工艺、新设备的研制和开发。

2. 创建连续运行的GPS工程参考站系统和过渡曲面拟合法，解决了中线贯通前海上工程测量问题。建立了适应海域长距离大范围的独立工程坐标系，考虑了地球曲率等对坐标系的影响，提高了施工放样精度。

3. 建立了超长、超大和变壁厚钢管桩整桩制造自动化生产线；采用以高性能熔结环氧涂层为主和辅以阴极保护的新型防腐体系；采用大船、大锤和船载GPS系统的总对策，依靠先进和强大的装备，成功解决了强潮海域中钢管桩沉桩、施工安全和生产效率问题。

4. 采用新型混凝土、温控技术和低应力张拉新工艺，基本解决了整孔预制箱梁早期开裂和耐久性问题。研制了吊重2500t和吊重3000t两条中心起吊运架一体串船，解决了强潮海域箱梁运输、架设问题。

5. 研制了技术先进、功能匹配的1600t轮胎式搬运机、桁架结构提梁龙门吊、轮胎式运梁车、宽巷架桥机等施工设备，形成了箱梁预制、场内运输、提升上桥、梁上运输、架设一体化的施工工艺系统。

6. 从整体结构的角度，对跨海大桥混凝土结构耐久性进行了系统的研究，制定了耐久性设计、施工、质量监测评定与运营阶段维护的整套技术文件，并建立了耐久性长期监测系统。

大桥全景　Bridge panorama

三、获奖情况

1. "大吨位50m预应力混凝土箱梁整体预制和梁上运输架设技术"获得2008年度浙江省科学技术一等奖、2007年度中国公路学会科学技术奖特等奖；

2. "杭州湾跨海大桥混凝土结构耐久性成套技术研究和应用"获得2008年度中国公路学会科学技术奖特等奖；

3. "杭州湾大桥风环境对行车安全的影响和对策研究"、"杭州湾跨海大桥钢管桩设计、制造、防腐和沉桩成套技术"分别获得2009年度、2007年度中国公路学会科学技术奖一等奖；

4. "杭州湾跨海大桥滩涂区大吨位预应力混凝土箱梁整体预制、

梁上运梁架设技术研究"获得2006年度四川省科学技术奖二等奖；

5. "杭州湾跨海大桥海工耐久混凝土技术研究"获得2007年度安徽省科学技术奖二等奖；

6. "杭州湾跨海大桥河工模型与桥墩局部冲刷研究"获得2003年度浙江省科学技术奖二等奖；

7. 获得2009年度浙江省建设工程钱江杯奖。

四、获奖单位

中铁大桥局股份有限公司

杭州湾大桥工程指挥部

中交公路规划设计院有限公司

中铁大桥勘测设计院有限公司

中交第二航务工程局有限公司

中铁二局股份有限公司

浙江省交通工程建设集团有限公司

中铁四局集团有限公司

宁波交通工程建设集团有限公司

中国公路工程咨询集团有限公司

大桥夜景　Night view of the bridge

北航道桥钢箱梁架设
Steel box girder erection of north navigation bridge

50米箱梁架设运输　50m-long box girder transport & erection

70米箱梁架设　70m-long box girder erection

60米箱梁全景　60m-long box girder pamorama

大桥俯视　Top view of the bridge

南通航桥全景　South navigation bridge panorama

杭州湾跨海大桥

佛山东平大桥
Dongping Bridge in Foshan City

（推荐单位：中国交通建设股份有限公司）

一、工程概况

佛山东平大桥全长1322.2m，桥孔布置为（6×35+6×35+578+2×35+3×35+4×35）m。主桥为钢筋混凝土连续梁-钢箱拱组合体系拱桥，长578m，主跨跨径300m。两岸引桥为五联35m跨径预应力混凝土连续箱梁。主桥桥面设计宽度48.6m，跨径布置（43.5+95.5+300+95.5+43.5）m，采用主副拱肋结合的形式。副拱肋截面高2.0m，宽1.2m；桥面以上主拱肋截面高3.0m，桥面以下主拱肋截面高3.0~4.0m，宽1.2m，拱顶段主、副拱肋合并，截面高7.2~4.0m，肋宽1.2m；拱肋采用箱形截面。主或副拱肋每隔两个吊杆（立柱）间设一道异性管式横撑（边跨拱肋横撑内灌注混凝土），全桥共14道。

工程总投资4.27亿元，于2004年4月18日开工建设，2006年9月28日竣工。

二、科技创新与新技术应用

1. 首次提出连续梁与拱协作，形成新型的"飞燕式"桥梁，提高了主跨刚度，增大了边跨跨越能力，解决了主跨通航及边跨滨江大道净空要求，实现了桥梁的美观与受力的合理融合，并取得了国家发明专利。

2. 采用了在钢格子梁上满铺8mm厚的钢板，通过PBL剪力键结合混凝土，形成总厚度仅12cm的钢-混凝土组合正交异性桥面板，具有整体性强、传力明确、刚度大、重量轻（与钢桥面板相当）、用钢量省等优点。

3. 该桥的施工充分考虑桥梁的结构特点和所处的施工环境，主桥拱肋施工采用了卧拼竖提转体的新技术，并使用了世界先进的液压连续千斤顶及计算机同步控制系统，既节约了支架等临时构件，又降低了风险，实现了重量达3000t的拱肋竖转就位，以及14800t的钢拱桥（世界最大平转重量）180°转体合龙，两岸拱肋平转到位后合拢误差仅2cm。

4. H型钢吊杆腹板采用高开孔率（27%）、吊杆中部设置水平减振索，避免了风的驰振、颤振等现象，减振措施可靠、节约、耐久，风洞模型试验表明，抗风性能良好。

三、获奖情况

1. 2009年度国家优质工程银奖；
2. 2008年度四川省工程勘察设计一等奖。

佛山东平大桥全景
Panoramic view of Dongping Bridge in Foshan city, Guangdong Province

四、获奖单位

路桥华南工程有限公司
四川省交通运输厅公路规划勘察设计研究院

佛山东平大桥

上海同济工程项目管理咨询有限公司
长沙理工大学

佛山东平大桥全景　Panoramic view of Dongping Bridge in Foshan city, Guangdong Province

佛山东平大桥

佛山东平大桥全景
Panoramic view of Dongping Bridge in Foshan city, Guangdong Province

过程照片———岸竖转到位
Vertical rotaion in-position on the first side

过程照片———平转即将到位　Horizontal rotaion almost in-position

襄渝铁路新大巴山隧道
New Dabashan Tunnel of Xiang-Yu Railway

（推荐单位：铁道部建设与管理司）

新大巴山隧道进口　Entrance of the new Dabashan tunnel

一、工程概况

新大巴山隧道穿越陕西及四川两省，进口位于陕西省镇巴县，出口位于四川省梨树乡，是襄渝铁路增建第二线全线最长、也是唯一的一座特长隧道，全长10658m。

本隧道为单线客货共线隧道，旅客列车设计行车速度140km/h，采用双块式无砟轨道结构。为克服既有线平面迂回展线，线路长、小半径曲线集中的缺点，采用提前起坡越岭的高桥、长隧方案，缩短线路16.4km，节省投资9100万元，缩短运行时间约8min。

本隧道存在涌水量大、岩溶强烈发育、高地应力引起的围岩变形、高瓦斯及采空区等不良工程地质现象，特别是岩溶涌水问题突出，最大预测涌水量高达$215×10^4 m^3/d$，施工中实际涌水量高达$109×10^4 m^3/d$。全隧设置贯通平导，平导长10622.7m，出口段设296.9m长无轨斜井一座。

工程总投资5.06亿元，于2005年8月26日开工建设，2009年10月15日完工。

二、科技创新与新技术应用

1. 采用对静水压具有较好适应性的椭圆形衬砌断面形式以抵抗较高水压，防止隧道衬砌受地下水变动，排水系统失效或功能降低，确保运营安全。

2. 创新设计隧道结构防、排水系统，并成功付诸实施。解决了本工程在强岩溶、高压突水及超大涌水量等极端恶劣地质条件下衬砌结构的安全性及运营安全。

3. 充分利用超前地质预测预报成果，准确预报上百次涌水涌泥、采空区位置，降低了高风险隧道的施工风险，施工期间未发生地质灾害伤亡事故，确保了施工安全，并根据精准的超前地质预报成果及时调整支护及衬砌结构，创造了可观的经济效益。

4. 该项目地处川陕两省交界，山高坡陡，弃渣困难，且弃渣量大，为解决这一难题，创新设计于进、出口附近沟谷下游设立拦渣坝，于一侧留出行洪通道，集中进行弃渣，既满足了大规模弃渣的需求，同时节省运距、降低造价、减少占地，实现了绿色环保要求。

该项目自主创新科技成果已在其他建设项目中广泛运用，推动了我国岩溶地区高压突水突泥及超大涌水量高风险隧道整体技术的发展。

三、获奖情况

1. 2010年度铁道部优质工程一等奖；
2. 2010年度铁道部总体设计优秀工程设计一等奖；
3. 2010年度铁道部优秀工程勘察二等奖。

四、获奖单位

中铁二院工程集团有限责任公司
西安铁路局襄渝铁路工程指挥部

襄渝铁路新大巴山隧道

竣工后洞内全貌　Inside panorama of completed tunnel

平导边墙部位股状涌水涌泥涌沙高压喷出
High-pressure water gushing and projecting mud soil blowing off from sidewall of parallel heading

国道317线鹧鸪山隧道

Zhegu Mountain tunnel of national highway line 317

（推荐单位：中华人民共和国交通运输部公路局）

一、工程概况

鹧鸪山隧道地处四川省阿坝州境内理县与马尔康县交界处，是川藏公路北线的控制性工程。主隧道与平导洞间通过9条横通道相连，采用平导压入分段纵向式通风，隧道长4.448km，平导洞长4.446km，隧道轴线平均海拔3300m，按单洞双向两车道设计。隧道所处地段地质及地形条件复杂、气候环境条件恶劣、营运环境条件特殊，地应力高，岩爆、大变形、泥石流、滑坡、塌方、冰雪、浓雾、大风等地质和气象灾害频发，在历史上曾被视为"隧道工程的禁区"。

工程总投资5.4938亿元，于2001年4月开工建设，2004年9月完工。

二、科技创新与新技术应用

1. 完成了单洞双向行驶条件下平导压入半横向式和纵向式通风的特长公路隧道建设模式，属国内首创。
2. 在国内外首次建立了不同于永冻区的季节性冻胀冻融地区特长公路隧道结构抗防冻设计的完善体系。
3. 形成了高地应力条件下岩爆与大变形灾害预测预报与处治、围岩稳定性分析与评价的综合集成技术体系。
4. 在国内首次测试了400~5000m海拔范围考虑烟雾和CO的海拔高度系数，填补了我国现行《公路隧道通风照明设计规范》的空白。
5. 建立了基于GIS的隧道机电设备营运智能监控及维护管理一体化技术系统，实现了高寒区大型公路隧道机电系统监控管理的智能化、网络化、组态化和综合化。
6. 根据公路隧道横断面特征，提出了加设减震层、采用聚合物钢筋或钢纤维混凝土衬砌等高烈度地震区公路隧道的抗减震措施。
7. 成功经受了"5.12"汶川大地震的考验，震后隧道结构完好、功能正常，成为震后第一时间进入灾区实施救援的唯一生命通道，为"5.12"汶川大地震抗震救灾和保护人民群众的生命财产安全发挥了巨大作用。

三、获奖情况

1. "高海拔地区大型公路隧道建设与营运关键技术及应用"获得2007年国家科技进步二等奖；
2. "高寒复杂环境地区特长公路隧道建设与营运关键技术及其工程应用研究"获得2007年四川省科技进步一等奖；
3. "复杂环境条件下修建川藏公路（北线）特长隧道关键技术研究"获得2007年中国公路学会科学技术奖一等奖；
4. 2008年度四川省工程勘察设计一等奖；
5. 建国60周年公路交通勘察设计经典工程。

鹧鸪山隧道进口洞门　Entrance of Zhegu Mountain tunnel

四、获奖单位

中国人民武装警察部队交通第一总队
西南交通大学

中铁隧道集团一处有限公司
中铁二院工程集团有限责任公司
国道317线鹧鸪山隧道工程项目办公室

鹧鸪山隧道出口洞门　Exit of Zhegu Mountain tunnel

隧道射流风机　Tunnel jet fans

不良施工环境　Poor construction environment

二次衬砌施工　Construction of secondary lining

武汉至广州高速铁路浏阳河隧道

Liuyang River Tunnel of high-speed railway from Wuhan to Guangzhou

(推荐单位：中国铁路工程总公司)

一、工程概况

浏阳河隧道是武广线上的控制工程，是国内首座穿越城市、河流、高速公路的铁路隧道，该隧道位于湖南省长沙市东部，全长10.115km，属于国内特长、特大断面隧道。隧道为客运专线双线，开挖宽度最大超过16m，开挖高度超过13m，断面积超过160m²，平均埋深在30~50m间，是国内铁路区间隧道所少见的。

隧道设计列车时速为350km/h，线间距5.0m，采用无砟轨道。线路平面设计有2个R=9000m曲线以夹直线连接，隧道进出口处于两个反弯曲线上，隧道设计最大纵坡为20‰。

工程于2006年9月18日开工建设，2009年10月3日完工，总投资12.3863亿元。

二、科技创新与新技术应用

1. 基于市区复杂环境下隧道的全包防水，研发了背贴式可排水止水带及防排水综合处治措施，简化了施工工序，加快了施工进度，有效解决了盲管压扁堵塞而无法排水的问题，并可节省工程材料。隧道施工完后，经过2年多时间检验，隧道不渗不漏，取得较好的实施效果。

2. 首次试验研究并成功实施了高速铁路双线特长隧道的洞口缓冲结构，保护了洞口周边的环境。

3. 针对地面振动环境敏感且围岩较软弱的地段，采用铣挖机掘进，配合弱爆破以减震，是软岩、水下隧道暗挖施工的可行办法。

4. 首次提出并实践了凹形纵坡隧道的运营防火疏散定点，确保了运营阶段紧急情况下人员的安全疏散。

5. 创造性地提出了一种复合地层大断面隧道的快速施工方法-隧道动态分部开挖工法，确保了施工全过程处于安全、优质、快速的可控状态，无任何安全质量事故发生，每月循环进尺达50m。

6. 研发了隧道施工安全风险管理软件系统，建立了隧道施工阶段风险管理方法，有效指导了隧道的现场施工管理，保证了隧道的施工安全。

7. 研发了隧道大断面竖井快速掘进自动卸碴系统，完善了竖井快速施工工法，并采用了QC管理系统。

三、获奖情况

2011年度铁路优质工程奖。

四、获奖单位

中铁四局集团有限公司
中铁一局集团有限公司
中铁第四勘察设计院集团有限公司

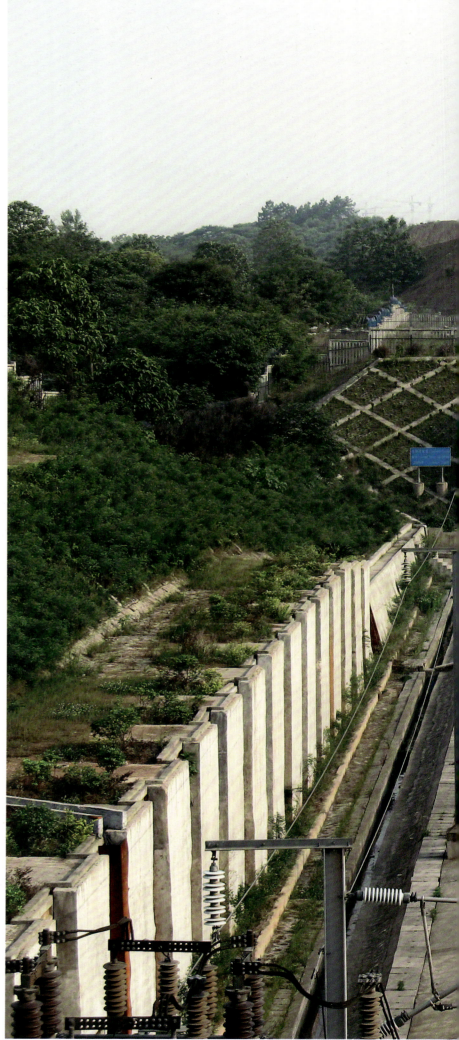

浏阳河隧道进口正面图　Entrance of Liuyang River tunnel

武汉至广州高速铁路
浏阳河隧道

浏阳河隧道进口斜视图　Side view of entrance of Liuyang River tunnel

武汉至广州高速铁路
浏阳河隧道

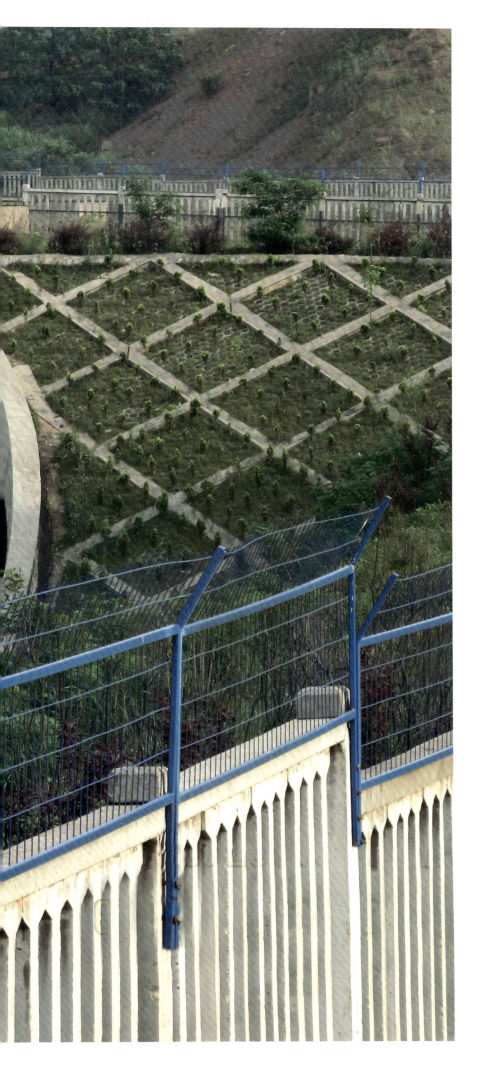

浏阳河隧道洞内全景　Panorama inside Liuyang River tunnel

浏阳河隧道出口正面图　Exit of Liuyang River tunnel

浏阳河隧道出口顶棚　The ceiling for Liuyang River tunnel export

香港青沙公路（含昂船洲大桥）

Tsing Sha Highway of Hong Kong (including Stonecutters bridge)

（推荐单位：香港工程师学会土木部）

一、工程概况

香港青沙公路由昂船洲大桥、昂船洲高架路、青衣东高架路、青衣西高架路、荔枝角高架路、南湾隧道、尖山隧道、沙田岭隧道、大围隧道组成，全长约13.5km，是双程三线分隔行车的高速公路。青沙公路连接于1997年开通的赤腊角至青衣段，组成一条长约28km的高速干线，连接新界大屿山赤腊角和沙田。

青沙公路于2002年4月10日开工建设，分两阶段进行，沙田至长沙湾段（包括尖山隧道、沙田岭隧道及大围隧道）在2008年3月开通，沙湾至青衣段（包括昂船洲大桥及南湾隧道）在2009年12月20日开通，工程总投资185亿元。

昂船洲大桥主跨1018m，是现时全球跨度第二长的斜拉桥，桥型设计与维多利亚港的景观浑然一体，高耸的独柱式桥塔的上半部由独特的不锈钢和混凝土复合结构组成，流线型的分隔式桥身令大桥在受强风吹袭时更加稳定，其景观照明系统在夜幕下突显大桥的建筑特色。

二、科技创新与新技术应用

1. 昂船洲大桥位于强台风和海洋腐蚀性环境中，对稳定性和耐久性都提出了很高要求。大桥桥型方案采用独特的独柱式桥塔结构，半部采用不锈钢和混凝土复合结构，抗风稳定性好；采用多项创新设计解决了多种复杂条件对大桥的影响，包括大风、地震、船撞等，并通过了严谨的研究、试验和测试。大桥安装了桥梁健康监测和维护保养设施，确保运营安全。

2. 隧道部分采用半横式通风系统，减少了通风装置的数量，节省了管理类用房使用空间，建设和运营费用显著降低。低噪声隧道施工减少了对周边环境的影响。部分高架路段根据需要设置有垂直悬臂式隔声屏、半封闭和全封闭式隔音罩，减少了对居民和道路使用者的影响。

三、获奖情况

昂船洲大桥荣获2010年度香港工程师学会及英国结构工程师学会结构工程联合部香港工程项目优秀结构奖之"卓越结构大奖"，2010年度英国结构工程师学会结构大奖之"交通工程结构大奖"、"结构工程至尊优秀大奖"，2010年度美国国际道路联合会全球道路成就奖（GRAA）"最佳设计大奖"，2011年度美国国际桥梁大会杰出桥梁工程"乔治·理查森奖"。

8号干线全景包括昂船洲大桥及引桥
Overview of Route 8 including Stonecutters Bridge and approaches

四、获奖单位

香港特别行政区政府路政署
奥雅纳工程顾问（Arup）
艾奕康有限公司（AECOM）
安诚工程顾问有限公司（Hyder）

香港青沙公路
（含昂船洲大桥）

8号干线全景
包括在蝴蝶谷的尖山隧道南面引道
Overview of Route 8 including the
southern approach in Butterfly Valley

昂船洲大桥全景　Overview of the Stonecutters Bridge

8号干线全景包括青衣东高架桥和南湾隧道
Overview of Route 8 including East Tsing Yi Viaduct and Nam Wan Tunnel

8号干线全景包括青衣东高架桥接驳昂船洲大桥
Overview of Route 8 including approach to connect East Tsing Yi Viaduct and Stonecutters Bridge

高架桥景观　Viaducts

南湾隧道入口　Nam Wan Tunnel entrance

8号干线全景高架路交汇处　Overview of Route 8 interchanges of viaducts

设有隔声罩的荔枝角高架路　Lai Chi Kok Viaduct with soundproof enclosures

昂船洲大桥之夜景和景观照明　Night view and lighting design of Stonecutters Bridge

香港青沙公路
（含昂船洲大桥）

香港青沙公路
（含昂船洲大桥）

安徽铜陵至黄山高速公路
Anhui Tongling-Huangshan Expressway

（推荐单位：安徽省交通运输厅）

太平湖大桥远景　Long Shot of Taiping Lake Bridge

一、工程概况

铜陵至黄山高速公路是国家高速公路网北京至台北高速公路的重要组成部分，北起铜陵长江大桥，经青阳、甘棠、黄山、休宁等县市，南至黄山皖、浙、赣省界，全长224.67km，串联了九华山、太平湖、黄山等著名风景区，是安徽省南北沟通重要动脉之一。根据交通量和地形差异，采用不同技术标准，设计速度分别采用120km/h和80km/h，六车道路基宽33.5m，四车道路基宽26m或24.5m，设置互通式立交16处，特大桥21座，大桥137座，隧道38座，服务区4处，停车区1处。项目投资115.45亿元。

该项目区域内山岭重丘区地貌占路线总长90%以上，沿线峰峦起伏、沟壑纵横，地质构造及岩性复杂，伴有溶洞、采空区、弱膨胀土、滑坡、软基、危岩、崩塌、红砂岩等不良地质病害，工程技术难度大，全线桥隧比创全省之最，有当时在建的安徽省最长的隧道，同类型跨度最大的桥梁。

二、科技创新与新技术应用

该项目位于安徽省两山一湖风景区（黄山、九华山、太平湖），环境要求高、工程地形地质条件复杂，项目设计和施工贯彻了"科技路、生态路、旅游路、文化路"的思想和理念，建成了一条环境友好、资源节约、技术创新的典型示范公路。

1. 科技创新：项目坚持地质选线、地形选线、环保选线的原则，路线融入自然环境，顺势而行，线形平顺连贯、自然流畅，充分体现了路线设计新理念；开展了高边坡防护治理设计施工关键技术系列研究、复杂地质条件下长连拱隧道设计施工关键技术研究；首次建成通透肋式拱梁隧道，首次实现隧道洞口零开挖进洞，很好适应了山区地形，有效保护了生态环境；干振复合桩技术、高速液压冲击夯、冲击式压路机补充压实技术、熔岩地段桩基施工、采空区处理等新技术运用，均获得良好效果。

2. 资源节约、环境友好：项目进行了节约用地专题设计，通过多项技术创新，并结合地形广泛采用挡墙收缩坡脚、桥隧替代传统高填深挖路基等节地措施，节约土地1685亩；隧道采用太阳能照明、LED节能供电系统和智能连续无级调光控制技术，比传统高压钠灯每年节约电耗800万度，大幅降低了能耗和运营成本。

3. 工程管理精细规范：在施工技术规范和设计文件的基础上，自主制定了《工程质量管理办法》、《路面水泥稳定碎石底基层、基层施工技术指南》、《沥青路面施工技术指南》等18项施工细则、36条质量和环保控制细节，共涉及主体和附属工程6大主项和56小项，有效控制和保障了施工质量。

三、获奖情况

1. "钢管混凝土拱桥建设成套技术"获得2009年度国家科技进步二等奖；

2. "铜陵-汤口高速公路汤口至屯溪段高边坡稳定性评价及支护优化设计系统研究"获得2008年度中国公路学会科学技术一等奖；

3. "大跨度拱桥设计与施工技术研究"获得2008年度广西科学技术特别贡献奖；

4. 建国60周年公路交通优秀勘察设计经典工程；

5. 2010年度公路交通优秀设计一等奖；

6. 太平湖大桥获得2010年度公路交通优质工程一等奖、2009年度

安徽省优秀勘察设计一等奖、2010年度优秀工程勘察设计行业市政公用工程二等奖、2007~2008年度公路交通优秀设计二等奖；

7. "提篮式钢管混凝土拱桥上部结构施工关键技术研究"获得2008年度广西科学技术技术进步二等奖；

8. "通透肋式隧道拱梁傍山隧道修建技术研究"获得2009年度安徽省科学技术二等奖、中国公路学会科学技术二等奖；

9. "倾斜基岩钢围堰深水基础稳定设计施工新技术"、"山岭隧道施工管理安全控制新技术研究"分别获得2010年度中国公路学会科学技术二等奖。

四、获奖单位

安徽省交通规划设计研究院
安徽省交通投资集团有限责任公司
广西壮族自治区公路桥梁工程总公司
同济大学土木工程学院
成都理工大学
安徽省交通建设工程质量监督局
中铁十九局集团第三工程有限公司
安徽省路港工程有限责任公司
安徽省公路桥梁工程公司

铜黄高速小贺互通立交 Xiaohe Interchange of Tongling-Huangshan Expressway

铜黄高速鸟瞰1 Aerial View of Tongling-Huangshan Expressway 1

铜黄高速鸟瞰2 Aerial View of Tongling-Huangshan Expressway 2

在全国首次建成环保型通透式隧道——龙瀑隧道　The national first environmental-friendly permeable tunnel-Longpu Tunnel

铜黄高速鸟瞰3　Aerial View of Tongling-Huangshan Expressway 3

合理选线，顺势而行
Rational selection of the route through taking advantage of the terrain

安徽铜陵至黄山高速公路

融入自然、造型新颖的塑石隧道洞门
Natural and novel tunnel pilot with stone-shaped sculpture design

为了避免破坏原有地形地貌，路线采用高架桥形式跨越山谷
The viaduct across the valley is adopted to avoid destruction of the original terrain

融入自然、造型新颖的塑石隧道洞门
Natural and novel tunnel pilot with stone-shaped sculpture design

江苏南京至常州高速公路
Jiangsu Nanjing-Changzhou Expressway

（推荐单位：中华人民共和国交通运输部公路局）

薛埠枢纽　Xuebu hub

一、工程概况

南京至太仓高速公路南京至常州段（简称宁常高速公路）是国家高速公路网中的上海至洛阳国家重点公路的重要组成部分，也是江苏省新一轮规划的"五纵九横五联"中"横六横七"的共线段。路线全长89.971km，全线采用平原微丘区高速公路标准，双向六车道，设计时速120km/h，路基宽度35m。桥涵设计荷载为汽车—超20级、挂车—120，设计洪水频率：特大桥为1/300，其余为1/100。

本项目土石方2066.197万方（其中填方1546.45万方，挖方519.747万方），主线桥梁17824延米/53座（其中特大桥、大桥15996延米/20座，中桥1762延米/30座，小桥66.12延米/3座），互通立交9处（含预留1处），其中枢纽3处，分别是桂庄枢纽（交宁杭高速）、薛埠枢纽（交扬溧高速）、鸣凰西枢纽（交常州西绕城，预留）；互通6处，分别是东屏、天王、金坛西、金坛东、成章、常州南；设服务区两处，分别是茅山服务区、湖服务区；隧道2座，为茅山东、西隧道，单洞合计长1628.5m；通道87处，涵洞298道。同时设置完善的安全、收费、监控、通讯、管理、服务等交通工程配套设施。

工程总投资53.58亿元，于2003年10月27日开工建设先导段，其他标段分两批招标，分别于2004年11月、2005年1月进场开工，2007年9月全线建成通车，2010年4月通过竣工验收。

二、科技创新与新技术应用

1. 坚持"安全选线、环保选线、地形选线、地质选线和人文选线"的原则，以运行车速理论为指导，认真做好路线方案比选，做到技术指标合理连续、迅捷，并与地形、环境协调。综合研究互通式立交、大型桥梁、隧道、服务区等大型工点方案的布设，做到与沿线道路、航道、电力等设施合适的相交位置、方式以及合理的相交角度，尽可能减少高速公路工程量。

2. 本着资源有效利用、生态环境保护相结合、自然景观和人文景观相结合、经济合理等原则，在符合项目总体设计和满足高速公路功能、安全要求和近远期协调的前提下，充分考虑道路景观的美学性、生态性、文化性、施工可行性等，做到因地造势，体现环境生态的和谐与自然。

3. 本项目在茅山隧道环保选线、长桥穿越滆湖、湖中取土、自然原生态防护设计、与地形整治相结合的生态排水体系、橡胶沥青路面降噪环保等方面大胆创新，取得了显著的成果。

4. 依托工程开展了《宁常高速公路创新设计技术研究》、《软弱破碎岩体大跨浅埋公路隧道安全稳定关键技术研究》、《水泥混凝土桥面防水粘结体系的实验研究》等一系列课题研究，获得多项省、部级奖项以及国家工法和实用新型专利，且成果已在省内外多条高速公路中得到推广应用。

三、获奖情况

1. 获得多项国家级工法："高性能复合改性沥青路面施工工法"、"饱和软土夯击式预应力锚杆施工工法"；

2. "宁常高速公路创新设计技术研究"获得2009年度江苏省科学技术进步奖三等奖。

四、获奖单位

江苏省交通工程建设局

江苏省交通规划设计院有限公司

胜利油田胜利工程建设（集团）有限责任公司

东盟营造工程有限公司

江苏省交通科学研究院股份有限公司

江苏东南交通工程咨询监理有限公司

工程与环境组成优美画卷　The project and environment make a beautiful painting scroll

滆湖特大桥　Gehu Grand Bridge

桥隧结合穿越茅山风景区　The bridge and tunnel combine together to go through Maoshan Scenic Spot

江苏南京至常州高速公路

卧龙湖大桥　Wolonghu Bridge

广州抽水蓄能电站
Guangzhou Pumped Storage Power Station

（推荐单位：中国大坝协会）

一、工程概况

广州抽水蓄能电站位于广州从化，是我国兴建的第一座大型抽水蓄能电站，也是当时世界最大的抽水蓄能水电站，总装机容量240万kW，共安装8台可逆式抽水蓄能机组，设计水头535m。电站分两期建设，一期工程装机120万kW，共4台30万kW机组，成套机电设备从法国引进，建设期为1989年5月至1994年3月。二期工程装机120万kW，亦装4台30万kW机组，成套机电设备从德国引进，建设期为1994年9月至2000年6月。

电站枢纽建筑物由上、下水库、引水系统及地下厂房洞室群与输变电工程组成。其中上库坝为钢筋混凝土面板堆石坝，最大坝高68m，坝顶长318.52m、宽7m，左岸布置开敞式侧槽溢洪道；上库集雨面积5km^2，正常蓄水位816.8m，相应库容为2408万m^3。下库坝为碾压混凝土重力坝，坝体内部采用碾压混凝土，外部采用厚约1.5m的常态混凝土，大坝腹部设置一条贯穿左右岸的廊道；最大坝高43.5m，坝顶长153.12m、宽7m，在坝体中部原主河床部位布置有表孔溢洪道。下库集雨面积13km^2，正常蓄水位287.4m，相应库容为2342万m^3。

引水系统包括上、下库进出水口、引水隧洞、上游调压井、高压隧洞、尾水隧洞及尾水调压井等。一期工程引水隧洞总长3751m，洞径8.5~9m，设一个阻抗式调压井。下弯段后为"卜"形钢筋混凝土岔管，用4条直径8.5~3.5m的支管进入厂房与水轮机连接。尾水隧洞洞径9m，长1521.013m，设2个尾水调压井。二期工程引水系统与一期工程结构和布置基本相近，引水隧洞总长4438.34m，洞径8.0~9m，设一个阻抗式调压井，岔管段主管直径8.0m渐变至3.5m。尾水洞长2190.34m，洞径9m，设1个尾水调压井；一期地下厂房长146.5m，宽21m，高44.54m；二期地下厂房长146.5m，宽21m，高47.64m。

二、科技创新与新技术应用

1. 工程建设实现了我国大型抽水蓄能电站设计、施工、建设管理的飞跃，为我国水电工程建设的管理创造了新经验。

2. 高水头、大直径输水管道工程，国内首次成功的采用无钢衬钢筋混过凝土岔管结构，是我国高压输水管道工程的一项重大突破。

3. 在高压长大输水斜井施工中，成功地采用正、反井同时掘进开挖导井、全断面少进尺多循环和锚杆跟进支护，采用多功能滑升模板进行混凝土衬砌及围岩高压固结灌浆等成套施工技术。

4. 高水头机组蜗壳加压预埋。剩余内水压力由金属蜗壳与外包混凝土共同承担，有效地发挥各自材料特性，并约束机组振动。电站建成后，为电网提供调峰填谷、调频调相、事故紧急备用等多功能综合服务，保障电网安全、经济运行，产生了巨大社会经济效益。

三、获奖情况

1. "广州抽水蓄能电站建设关键技术的研究与实践"获1997年度国家科技进步二等奖、1996年度广东省科技进步一等奖；

2. "高压长斜井优化设计与施工"获1993年电力工业部科技进步一等奖；

3. "水电站导洞混凝土墙头高快连续浇筑侧壁及灌浆技术"获1992年水利水电科技进步二等奖；

4. 1997年度中国建筑工程鲁班奖；

5. 一期、二期工程地质勘察分别荣获1996年度、2004年度国家优秀工程勘察银奖；

6. 广州抽水蓄能电站一期、二期工程设计分别获得1996年度国家优秀工程设计金奖、2004年度国家优秀工程设计铜奖；

7. 2009年度新中国成立60周年100项经典暨精品工程。

四、获奖单位

广东蓄能发电有限公司

广东省水利电力勘测设计研究院

中国水利水电第十四工程局有限公司

上库鸟瞰1　Bird-eye view of the upper reservoir 1

下库　Lower reservoir

下库鸟瞰　Bird-eye view of the lower reservior

上库鸟瞰2　Bird-eye view of the upper reservior 2

上库风光　View of the upper reservior

广东飞来峡水利枢纽
Feilaixia water conservancy project of Guangdong province

(推荐单位：水利部建设与管理司)

一、工程概况

飞来峡水利枢纽位于北江干流中游清远市境内，是北江流域综合治理和开发利用的关键性工程，以防洪为主，兼有航运、发电多目标开发等功能。水库总库容19.04亿m³，坝长2945m，最大坝高52.3m，万年一遇校核洪水泄洪量28700m³/s。1994年开工建设，1999年建成，2010年5月通过竣工验收，工程总投资52.92亿元。

防洪方面，飞来峡水利枢纽与北江大堤、江滞洪区联合运用组成北江中下游防洪体系，北江大堤经加固已达到防御100年一遇洪水标准，堤库联合运用可防御北江300年一遇洪水。航运方面，设有500t级单线一级船闸，设计单向年通过能力475万t。发电方面，发电装机容量140MW（4台单机容量35MW的灯泡贯流式机组），设计年发电量5.54亿kW/h。

枢纽运行以来胜利抗击了"05.6"珠江流域百年一遇特大洪水和"06.7"北江流域50年一遇洪水，完成了几十场次较大洪水的调度，多次应急调水支持珠三角压咸补淡、珠澳供水和北江下游塞船，在防台风、抗冰灾、亚运保电供水等方面均发挥了积极作用。自枢纽运行投产至2010年底，电站累计发电55.87亿多kW/h，船闸累计通航7152多万t。

二、科技创新与新技术应用

飞来峡水利枢纽在设计理念、技术创新、管理理念、移民安置等方面创新突出，吹填砂振冲筑坝新技术达到国际先进水平，在行业内具有引领和示范作用。

1. 在国内率先采用低水头、河道型水库拦洪，形成以飞来峡水利枢纽为龙头的北江下游防洪体系，并开展非恒定流调洪和堤库联合调度研究，促使飞来峡水库运行调度进一步科学化。

2. 在国内首次采用吹砂回填土坝（部分）新型结构，利用150kW大功率液压振冲器振冲加密吹填砂坝体和18.0m深的粉砂地基，提高了坝体和坝基的稳定性和抗液化性能，减少了不均匀沉降，确保了挡水土坝的建设质量。

3. 从实际出发，积极探索并提出了以城镇为依托、集中就近建镇为主的水库移民安置新模式和采用移民监理对移民安置工作进行管理的新机制，取得显著成效。

三、获奖情况

1. 2010年度中国水利优质工程（大禹）奖；
2. "飞来峡水利枢纽工程建设关键技术研究与实践"获得2004年度广东省科学技术奖一等奖；
3. 2002年度国家第十届优秀工程设计金奖；
4. 2002年度水利部优秀工程设计金质奖。

四、获奖单位

广东省飞来峡水利枢纽管理处

枢纽全景　Panorama of the Project

中水珠江规划勘测设计有限公司
广东省水利电力勘测设计研究院
广东水电二局股份有限公司
广东省水利水电第三工程局
广东省源天工程公司

大坝全景　Dam panorama

广东飞来峡水利枢纽

溢流坝泄水情景　Discharging of the spillway dam

船闸上游引航道　The approach channel of upstream of navigation lock

125

秦皇岛港煤五期工程

Qinhuangdao Port Coal Terminal Project Phase V

（推荐单位：中国交通建设集团有限公司）

一、工程概况

秦皇岛港煤五期工程位于东港区煤三期东侧，是国家"十五"重点工程，设计年通过能力5000万t，工程概算44.89亿元（含设备制造），建筑、安装工程造价为13.92亿元。是目前世界上最大规模的煤炭输出码头工程建设项目。工程于2004年7月开工，2006年3月建成试运行，2007年3月通过国家验收。

水工工程新建1~4号泊位4个(15万t级和10万t级泊位各1个，5万t级泊位2个)，预留待泊泊位2个，护岸1个。造价5.49亿元。其中，码头工程为沉箱重力式结构，由106个重2348~3325t方沉箱组成，码头长1187m；护岸直立段为沉箱重力式结构，由98个单重430t圆沉箱组成，岸线长998m；抛石斜坡堤段长243m。

翻车机房主体平面尺寸61.7m×49.18m，高21.34m；廊道为钢筋混凝土箱涵结构，分单、双孔廊道，廊道长213.41m。堆取料机基础及堆场工程包括堆料机基础4条、取料机基础3条和连锁块堆场7条，堆场面积52.2万m^2。疏浚工程包括煤四期扩容和煤五期港池疏浚及煤五期堆场吹回填造陆工程等，疏浚工程量1021万m^3。安装工程包括卸车线和装船线，皮带机25条，转接塔15个。

二、科技创新与新技术应用

1. 总平面布置合理，节省岸线资源，体现了现代化大型专业煤炭输出码头快速、高效、便捷的特点。码头采用突堤连片布置，两侧临水，码头结构兼顾防波堤功能。在用地、用海和岸线使用上做到了集约化利用。

2. 码头结构设计采用了物理模型试验、数学模型试验、有限元分析等手段，分析沉箱结构内力、变形及空间分布，优化设计在保证结构安全度前提下，节省工程投资10%。翻车机采用3线3翻卸车系统，单机卸车能力7200t·h，是国内第一个实现接卸2万t重载单元列车的卸车系统。在定位车驱动中采用变频驱动控制技术，解决了多电机同步驱动定位精度难题，目前已推广为定位车标准设计。

3. 皮带机系统采用以堆场为中心的工艺方案，研发了大型皮带机头部移动伸缩给料装置，实现一对多供料方式，并获国家专利。在控制系统中首次实现三级网络架构的管控一体化。

4. 采取多项措施在北方地区沉箱码头冬期施工，保证了20个月工程建成，其码头冬期施工成套技术获得中国施工企协技术创新成果二等奖，翻车机房工程施工新技术获得中国水运协会科学技术三等奖。施工中广泛使用了GPS定位技术。

投产后的秦皇岛港煤五期工程平面位置全景
Panorama of layout location of Qinhuangdao Port Coal Terminal Project Phase V after put into production

5. 在环境保护方面，采用保温伴热技术，首次实现煤码头堆场冬季自动洒水除尘；堆场设置防尘网等措施，环境得到有效保护。

三、获奖情况

1. 2009年度国家优质工程银质奖；
2. 2008年度国家优质设计银奖；
3. 2007年度交通运输部水运工程质量奖；
4. 2008年度交通运输部水运工程优秀设计一等奖。

四、获奖单位
中交一航局第五工程有限公司
中交第一航务工程勘察设计院有限公司
秦皇岛港股份有限公司
秦皇岛方圆港湾工程监理有限公司
中交天津航道局有限公司
中交第二航务工程局有限公司第六工程分公司

正在装船作业的秦皇岛港煤五期水工工程全景　Panorama of Qinhuangdao Port Coal Terminal Project Phase Ⅴ Port in shipping operation

正在装船作业的秦皇岛港煤五期码头前沿俯视全景
Panorama of overlook of quay front of Qinhuangdao Port Coal Terminal Project Phase Ⅴ in shipping operation

竣工后的秦皇岛港煤五期圆沉箱直立式护岸全景
Panorama of vertical revetment of circular caisson of Qinhuangdao Port Coal Terminal Project Phase Ⅴ after put into production

洒水喷淋系统　Sprinkler system

宁波港北仑港区四期集装箱码头工程

Ningbo Beilun Port Container Terminal Project Phase IV

（推荐单位：中国土木工程学会港口工程分会）

一、工程概况

宁波港北仑港区四期集装箱码头工程位于宁波市北仑区。是目前国内码头前沿水深最深、泊位等级最大、装卸设备最先进的现代化集装箱码头工程之一，建设规模大，自动化水平高。

港区陆域总面积209.02万m^2，绿化面积21万m^2，新建大堤长度3504m。设5个（5～10）万t级（水工结构兼靠10万t）集装箱专用泊位，码头岸线长1785m，设计年吞吐量200万标准箱。码头前沿设计底标高达-17m，可停靠目前乃至今后一段时期内的最大集装箱船舶。主要配置63t-65m岸桥，并在国内首次采用双小车和双40尺岸桥。

二、科技创新与新技术应用

1. 码头岸线布置科学合理：本工程是为宁波港选择的一个新港址，为此进行了大量的现场观测和试验研究，采用离岸栈桥式布置，控制并解决了水流和淤积的影响。

2. 陆域布置具有前瞻性：设计对第三代港口所应有的物流条件及对堆场的要求进行了充分的研究和预留。排洪渠后移，堆场由前向后排水，既满足海堤防洪要求，又节省了陆域回填的工程量。

3. 装卸工艺设备先进、经济合理：通过计算机动态模拟仿真和多方案优化，主要配置63t-65m双小车岸桥、高架滑出线电力驱动轮胎场桥，为提高效率、节能减排做出了贡献。

4. 码头结构安全，耐久性好：码头水工结构采用排架间距10m、桩长56～64m的φ1200大管桩，轨道梁、纵梁采用预应力混凝土芯棒结构。码头平台为宽度55m的整体式结构。设计采用了大掺量磨细矿渣高性能混凝土。另外还采取了包覆玻璃钢、表面涂层防腐等措施提高结构物耐久性。

5. 信息管理系统先进：对码头生产业务和经营业务的全方位信息化、电子化管理，其功能覆盖码头生产的全过程。

6. 施工技术创新与技术进步：地基处理采用插塑料排水板加强夯进行地基加固为主，部分地区采用高真空击密专利技术。在码头预制梁板安装中采用龙门吊新工艺，在解决施工质量通病方面有新突破。

7. 经济效益与社会效益：建成后的北仑四期工程很快达到设计能力，2010年达到350万标箱，占全港集装箱吞吐量的26.6%。北仑四期工程的建成投产，进一步提高了宁波港集装箱通过能力，提升了宁波港在国际上的竞争力，也为宁波带来了巨大的经济效益。

三、获奖情况

1. 2007年度浙江省建设工程钱江杯优质工程奖；
2. 2008年度中国港口科技进步二等奖；
3. 2010年度水运交通工程优秀设计二等奖。

四、获奖单位

中交水运规划设计院有限公司
宁波港股份有限公司
宁波港工程项目管理有限公司
中交第三航务工程局有限公司宁波分公司

北仑四期全景1　Panorama of Beilun Phase IV 1

宁波港北仑港区四期
集装箱码头工程

北仑四期全景2　Panorama of Beilun Phase IV 2

北仑四期全景3　Panorama of Beilun Phase IV 3

岸桥雄姿　Quayside crane

宁波港北仑港区四期集装箱码头工程

双40尺岸桥　Double 40ft quayside crane

55m宽整体式高耐久性码头及引桥　High endurance wharf with 55m in width and approach

上海500kV静安（世博）输变电工程

Shanghai 500kV Jing-an (Expo) power transmission and distribution project

（推荐单位：上海市土木工程学会）

一、工程概况

上海静安输变电工程位于上海市中心城区，是国内首座将500kV电源引入大都市中心区域的地下超高压变电站，是2010年上海世博会的重要配套工程，用于缓解上海中心城区的供电压力和保障2010年世博会的用电。该工程为国内首座、世界第二座大容量超高压全地下变电站。

该工程占地约13300m²，总建筑面积57615m²，其中地下建筑面积55809m²，地上建筑面积1806m²，主体结构地下投资15亿元。全站安装500kV、1500MW变压器两组、220kV、300MW变压器两台，设有六个电压等级。地面部分为大型"雕塑公园"。地下建筑为直径130m、地下四层、埋置深度约34m，与日本东京新丰洲地下变电站（直径140m，深度29m）相比，本工程埋置更深、体量更大、土层更加软弱、位于中心城区环境更为复杂。

本工程采用"地下连续墙两墙合一、地下四层结构梁板替代水平支撑、三道临时环形支撑"的"逆作法"总体方案。地下连续墙厚度仅为1.2m、深57.5m，插入比仅为0.69，内衬墙厚仅为0.8m；基础底板厚2500mm，桩基采用桩端埋深约82m的桩侧后注浆抗拔桩；采用了复杂地下水条件下的深层地下结构成套防水设计方法、节点构造满足地下变电站较高的工作环境要求。

二、科技创新与新技术应用

1. 对圆形超深基坑，提出了整套逆作施工的设计方法：创新性体现在关键节点构造与技术处理、免锁口管或接头箱的超深地下连续墙槽段工字形钢接头技术，对今后国内类似工程有重要示范作用，创新性突出，达到同类技术的国际领先水平。

2. 深层地下结构设计方法：提出了简化的深层圆形地下结构抗震计算方法，采用三维数值分析方法对工程进行了动力响应分析。

3. "抓铣结合"地下连续墙施工技术：在上海地区首次采用"抓铣结合"的地下连续墙成槽施工技术，对第7层以上的软黏土采用抓斗成槽，7层以下的坚硬砂土层采用液压铣槽机铣削，确保槽壁垂直度可达1/1000~1/600，有效地解决了超深地下连续墙的施工质量难题。

4. 逆作法地下室大面积清水混凝土施工技术、地下结构施工全过程风险控制及三维数字化管理技术均是对工程高质量完成的重要保证，达到同类技术的国际先进水平。

上海500kV静安（世博）输变电工程——地面俯瞰全景
Panorama of Shanghai Jing'an (Expo) 500 kV Power Transmission and Transformation Project

三、获奖情况

1. 2010年度上海市优秀设计奖；
2. 2008年度上海市建设工程优质结构；
3. 2010年度上海市建设工程白玉兰奖；
4. 2010年度中国建筑工程鲁班奖。

上海500kV静安（世博）输变电工程

四、获奖单位

上海市第二建筑有限公司

华东建筑设计研究院有限公司

中国电力工程顾问集团华东电力设计院

上海市电力公司电网建设公司

上海建科建设监理咨询有限公司

上海500kV静安（世博）输变电工程——逆作法地墙、桩基施工阶段地面场景
Shanghai Jing'an (Expo) 500 kV Power Transmission and Transformation Project——Diaphragm Wall and Pile Construction Phase of Up-Down Method

上海500kV静安（世博）输变电工程——逆作法地下结构施工阶段地面场景
Shanghai Jing'an (Expo) 500 kV Power Transmission and Transformation Project——Basement Construction Phase of Up-Down Method

上海500kV静安（世博）输变电工程

上海500kV静安（世博）输变电工程——效果图 Shanghai Jing'an (Expo) 500 kV Power Transmission and Transformation Project——Rendering Picture

山西沁水新奥燃气有限公司煤层气液化工程

The Liquefaction of Coal-bed Gas of Shanxi Qinshui ENN Gas Co.,Ltd

（推荐单位：中国土木工程学会燃气分会）

一、工程概况

煤层气的开发利用对于合理利用能源，减少温室气体排放，保护环境，减少煤矿瓦斯突出及爆炸事故，改善煤矿生产安全形势具有重要意义。煤层气液化项目作为煤层气新型利用方式，符合国家能源政策，对于科学合理利用煤层气具有较好的示范作用。

该项目于2008年4月1日开工建设，2009年1月联动试运行成功，2009年4月实现达产运行，2009年8月30日通过竣工验收，项目工程投资7780万元，总投资1.25亿元。工程包括煤层气液化装置及相关系统配套设施。生产装置包括原料气计量调压、压缩、净化、液化、制冷剂循环、再生气压缩、产品LNG储运七个生产单元及辅助系统。

本项目工艺主要分净化、液化和储运三部分。其中，净化部分采用醇胺法（MDEA）脱CO_2、分子筛脱水干燥的净化工艺；液化部分采用氮气循环膨胀制冷工艺。煤层气液化后送入LNG储罐，采用LNG罐车运至目标市场。

项目建成后，日处理煤层气$15 \times 10^4 Nm^3$，日生产液化天然气$246 m^3$，每年减少煤层气排放$5000 \times 10^4 m^3$，转化成LNG后成为清洁能源，替代标准煤约6万t，减少CO_2排放5900t、NO_x排放5100t、SO_2排放4440t，环保效能显著。

二、科技创新与新技术应用

1. 在国内首次采用拥有自主知识产权的低温不锈钢球形储罐作为内罐进行液化天然气（LNG）储存，提高了LNG储存的安全性和经济性，填补了国内在低温LNG球罐方面的技术空白。

2. 首次实现了煤层气液化关键设备全部国产化，投资少，建设周期短，运行平稳可靠，具有很好的经济效益和社会效益。该项目的成功实施对我国煤层气液化项目的建设和管理将起到重要的示范作用。

3. 通过自主研发、设计和技术集成，实现了煤层气液化工艺流程及自动化控制的优化，该项目经过两年的运行，产能达到设计能力的110%，项目综合能耗较国内同类液化工厂约降低8%，生产工艺达到国内领先水平。

4. 通过建立创新的项目管理机制，实现了研发、设计、技术集成、采购、施工及项目管理一体化建设，在优化工艺设计、降低成本、提高工程质量、缩短工期方面实现了新的突破。在项目咨询、勘察设计、施工组织、项目建设管理及安全、消防、环保和节能等方面都作出了卓有成效的工作。

场区夜景　Night view of the site

5. 该工程建设质量优良，工程全部通过了一次性竣工验收并顺利投产。运行两年来，未发生任何事故，设备及工艺系统均处于良好的工作状态，各项技术指标和经济指标均已达到预定目标，用户反映良好，证明该工程的设计可靠、技术先进。

山西沁水新奥燃气
有限公司煤层气液化工程

三、获奖情况

2009年度河北省优秀工程勘察设计二等奖。

四、获奖单位

新地能源工程技术有限公司

山西沁水新奥燃气有限公司

山西华太建设监理有限公司

场区俯视 Bird-eye view of the site

山西沁水新奥燃气有限公司煤层气液化工程

球罐内部完成　Completion of spherical tank interior

LNG低温球罐的应用　Application of LNG cryogenic spherical tank

场区近景　Close shot of the site

嘉兴文星花园住宅小区（汇龙苑、长中苑）

Jiaxing Wenxing Garden (Huilong Yuan, ChangzhongYuan)

（推荐单位：中国土木工程学会住宅工程指导工作委员会）

一、工程概况

文星花园住宅小区位于嘉兴著名风景区"南湖"，项目总用地面积13.62万m^2，总建筑面积23.55万m^2，其中地上建筑面积19.49万m^2，地下建筑面积4.06万m^2，容积率1.43，绿化率43.3%以上，总户数1257户。有高层住宅、小高层住宅、多层住宅、低层住宅、单身公寓等不同类型住宅和地下车库、配套公建等组成。单户建筑面积从40m^2到320余m^2不等，各类户型二十余种，满足不同住户的需求。

二、科技创新与新技术应用

1. 项目规划设计充分体现了先进的居住理念及与地方居住习惯很好的结合，通过对主导风向的研究和分析，很好的引入了被动节能的概念，有利于居所的通风效果，在考虑整体布局的同时，兼顾了居住环境的均好性。

2. 区内道路简捷流畅，景观、绿化、小品设计点、线、面有机结合，将传统景观和现代环艺巧妙融合，创造出多层次的绿化空间，形成四季常青、空气清新、视觉丰富的花园式生活环境。

3. 小区配套设施齐全，建有露天游泳池、室外网球场及休闲广场，为小区居民的体育健身和休闲娱乐提供方便。小区户型设计符合地方居住习惯，采光充足，通风良好。每户配有独立的阳光房，即解决了衣物的晾晒，同时又解决了衣物晾晒对小区环境的影响。部分客厅采用落地窗，视野开阔，将绿色充分引入室内，体现了静谧而健康的居家生活空间。

文星花园（汇龙苑、长中苑）项目的建成，充分体现了先进的科技理念和建筑水平，达到国家对节能环保型绿色住宅的要求，较好地起到了建设节能、环保、绿色、健康、舒适的高品质住宅小区的示范作用，该项目现已成为嘉兴市和浙江省的建筑节能示范推广项目。

三、获奖情况

1. 2011年获中国土木工程学会"全国优秀示范小区"荣誉称号；
2. 2011年嘉兴市"南湖杯"优质工程；
2. 2011年获中国土木工程学会"双节双优杯住宅方案竞赛金奖"。

四、获奖单位

浙江中房置业股份有限公司

北京梁开建筑设计事务所

浙江中房建筑设计研究院有限公司

嘉兴市开元建筑工程有限公司

浙江嘉元工程监理有限公司

浙江鼎元科技有限公司

文星花园长中苑全景图 Panorama of Wenxing Garden Changzhongyuan

嘉兴文星花园住宅小区
（汇龙苑、长中苑）

文星花园汇龙苑、长中苑全景图　Panorama of Wenxing Garden Huilongyuan and Changzhongyuan

文星花园汇龙苑全景图　Panorama of Wenxing Garden Huilongyuan

嘉兴文星花园住宅小区
（汇龙苑，长中苑）

文星花园长中苑局部图1　Partial Picture 1 of Wenxing Garden Changzhongyuan

文星花园汇龙苑局部图　Partial Picture of Wenxing Garden Huilongyuan

河水雨水收集利用系统　Riverwater and rainwater collection and utilization system

嘉兴文星花园住宅小区
（汇龙苑、长中苑）

文星花园长中苑局部图2　Partial Picture 2 of Wenxing Garden Changzhongyuan

游泳池、网球场　Swimming Pool and Tennis Court

147

图书在版编目（CIP）数据

第十届（2011年度）中国土木工程詹天佑奖获奖工程集锦／谭庆琏主编．—北京：中国建筑工业出版社，2012.3
ISBN 978-7-112-14023-7

Ⅰ．①第… Ⅱ．①谭… Ⅲ．①土木工程－科技成果－中国－现代 Ⅳ．①TU-12

中国版本图书馆CIP数据核字（2012）第017405号

责任编辑：张振光　杜一鸣
责任校对：肖　剑　关　健

第十届（2011年度）中国土木工程詹天佑奖获奖工程集锦
COLLECTION OF AWARDED PROJECTS
OF THE 10th TIEN-YOW JEME CIVIL ENGINEERING PRIZE (2011)
中 国 土 木 工 程 学 会
詹天佑土木工程科技发展基金会
谭庆琏　主编
*
中国建设工业出版社出版、发行（北京西郊百万庄）
各地新华书店、建筑书店经销
北京方舟正佳图文设计有限公司设计制作
北京画中画印刷有限公司印刷
*
开本：787×1092毫米　1/8　印张：18½　字数：490千字
2012年3月第一版　2012年3月第一次印刷
定价：188.00元
ISBN 978-7-112-14023-7
（22013）

版权所有　翻印必究
如有印装质量问题，可寄本社退换
（邮政编码 100037）